老房子，活起來！

old style
new look

舊宿舍、街屋、小公寓、日式平房、老市場，
專家職人的老骨新皮改造之道

Writer 張素雯 李昭融 李佳芳
Photo WE R THE CATCHER

原點

I

Case Study 老屋翻新20＋
看風格、看設計、看經營、看修繕、看佈置

目錄 CONTENTS

II
活化老宅 7 Tips
讓老的東西活過來

III
老屋翻新 Workbook
Must Know & Don't Do Tips

〔工法篇〕老宅翻新 Step by Step 怎麼做？

目錄 CONTENTS

IV

Recycle! 舊屋回收建材家具店推薦

二十顆綠色的文化種子，開始旅行！

I

Case Study 老屋翻新20＋

看風格、看設計、看經營、看修繕、看佈置

TEXT／張素雯

如果讓你選擇的話，你想要住在一棟老宅裡，還是一棟新房子裡？

基於居住的舒適性、便利性與維修問題，大概大部分的人都會選擇住在新房子裡吧。但是，卻有一群人，寧願花上大筆的整修費用（甚至房子只是暫時租來的），就僅僅是為了能體驗在老房子裡過日子的單純感受。

為了讓舊的建築空間因為人氣而重新活絡，商業活動被帶進了老房子裡來，可能是飯店、民宿、咖啡廳、酒吧、畫廊，甚至是美髮沙龍，一個個的老宅根據不同的使用方式，被做了不一樣的翻修處理；在店主投入的創意當中，老房子以新面目示人，在各樣設計語彙的詮釋下重新與人們的日常活動產生交集，而屬於老房子的記憶與故事，也在這裡被重新尋回與訴說。

在這二十個老宅翻新的案例中，讓人興奮的不僅是每棟房子在新舊融合間的巧妙創意，讓人珍惜的也不只是一棟老房子又得以在歷史中走上一段路程；這裡頭最讓人感動的是，在新觀念與老建築的跨時空對話下，這群年輕人投入的單純熱情，讓我們看到一股清新的理想與高度的實踐力，也看到一個文化內涵得以接續的可能性。

創意的可貴在於它的獨特思考方式，在於它可以觸動人心。這樣的「心」設計讓老宅重生，讓單一的城市景觀裡多了一個驚喜的特殊風景；它可以深入探索，可以細細品味，可以停駐沉澱，也提供一個機會讓我們去好好思考、好好回頭看看自己的老家與老社區。

這二十個案例就像是一把綠色的種子，一種永續概念的文化精神就如此地被每個參與的人們攜帶、傳遞出去。但它還需要很多、很多的養分，更多「心」的挹注，才得以生根發芽，茁壯成長——而這，也少不了你一顆心的投入。

A 日式老屋 The Island 01

二條通・綠島小夜曲

在當代語境中啜飲老建築的芬芳年華

老宅可以當一個很好的朋友，你好好地對待它，它會回饋你很多東西。

〔店主〕鍾永男

Taipei

屋齡 86 年

身爲建築師的店主，親手將這棟日式老屋打造成爲工作與夢想結合的實驗場，一樓是咖啡店面，二樓則是建築事務所的辦公室，透過現代設計手法，八十多年的老建築翻修後，既能保有老屋的建築基礎，又有著嶄新的外貌，讓更多的人們來體驗老宅的生活風味。 text：張素雯　photo：WE R THE CATCHER

〔二條通・綠島小夜曲〕 ☞ 台北市中山北路1段33巷1號　☎（02）2531-4594　🕐 週一至週日：12:00-21:00／週五：12:00-21:30　W theisland.tw

1

——透過開敞的玻璃門窗，傍晚的陽光斜斜射進屋內，樹影也隨著微風一同溜進這家小店裡。咖啡色外觀的木造日式建築，雖然散發出帶著優雅的成熟姿態，身形卻又充滿現代感地俐落自信，如此靜靜地坐落在這個台北最有故事的街區裡。

「二條通．綠島小夜曲」咖啡店就位在台北中山北路「二條通」入口；所謂「二條通」到「九條通」的這個街區，是日治時代台北的重要高級住宅區。這裡最初的屋主是一位名為佐佐木八二郎的日本攝影師，他的寫眞館就位在二條通巷口的三角窗，而這棟屋子則做爲住家使用。

這棟兩層樓木構造房舍，樣式接近京都的街屋，是這條街上僅存的老建築，日僑撤離後，幾十年來做爲政府官員的宿舍，但後來政府回收後便被棄置了，一直到數年前由建築師鍾永男從國有財產局標得，並且決定進行翻修，重新拾回老屋的價值。

人，讓老建築活起來

開咖啡店是許多設計師的夢想，因爲它可以讓設計師追求的美感價值付諸實現，成爲一種將個人生活理念實踐的具體行爲，同時還可以與他人分享。

鍾永男也有這樣的夢想。身爲建築師，他接過許多歷史建築再利用的設計案例，累積了大概十年的老屋修整經歷，其中日治時期的老房子就處理過不少，也累積了一些對於老房子的感情與想法。遇見了這棟建築，原本只是想要有一個辦公空間的他，咖啡店的想法又再度浮現，「大概是幫政府修了太多木造老房子，於是這樣的因緣就產生了。」他說。

這棟日式老宅有兩層樓，做爲建築事務所辦公室與咖啡店營業場所兩種使用目的來

Q：翻新老宅所投資的費用和時間？

A：大約2～3個月翻修，因為並非照古蹟修復的傳統方法，花費僅200多萬。但施工前的調查花了非常長的時間，因為修老房子一定要做全面的調查與評估，像是結構系統與損壞蟲蛀的狀況調查，還有訂出修繕使用的工法。另外也做了建築的歷史調查。

(1)20坪左右的室內空間，面寬不寬但是縱深很長，屋舍中間還有一個天井，讓深邃的屋內也有著透亮的光線。(2)由透明的梯形天井向上望，可以看到外頭古樸的日式屋瓦。

2

（3）在舒適的環境下，老屋成爲一個可以讓人接近體驗的地方。
（4）圍牆與外牆的線條，以含蓄的現代感重新詮釋老屋。

3

4

Q：回收老宅的注意事項，遇到困難時如何解決？

A：老房子第一個問題就是因為原來設備不足，得去改善水電管線與排水系統。第二個問題是，雖然事先都做了調查，但維修中常常會出現預料外的新狀況，因此得邊修邊設計。另外，為了營業空間的需求而必須打牆，除了注意結構牆面的強度，施工上也針對此做了補強。

說，正符合需求。咖啡店「二條通．綠島小夜曲」位於一樓，而它其實又像是二樓事務所的客廳。鍾永男開咖啡店還有另一個原因，就是把這棟特別的老建築開放出來，畢竟做爲事務所能夠進出的人不多，而在二條通內仍能保有這樣的一個歷史空間更是難得。「都市的變遷、年代的轉移，老屋像是忘了被回收而被丟棄在這個地方，所以我就把它整理整理，一是可以省房租，二是可以玩一玩咖啡廳，三還可以讓更多人進來感受老房子。」

咖啡店後來又加入了展覽、音樂活動與講座，讓它不純粹只是咖啡店，而能成爲一個文化活動與文化空間交流的場域。「開咖啡店只是一個手段，重點是要讓這個地方熱絡起來。」

老肉新皮的保養之道

做爲老建築的整修專家，鍾永男在規劃開店之時，首先關心的自然是老屋的結構。建築團隊在翻修前就做足了調查工作，從天花板、牆身到地板，先拆部分構件來檢視保存狀況，評估是否值得修或是直接替換。

和歷史建築的修復不同，私有老宅因爲不受限於古蹟相關法規，在翻修上可有更大的自由度。鍾永男認爲，再利用必須要符合需求，不要爲了保存而成爲危樓，得去細細拿捏分寸。建築翻修過程，除了屋體的維修之外，使用目的的改變，更是會影響建築結構的變化。像是這棟屋子先前是做爲宿舍使用，有很多隔間，但現在做爲咖啡店的營業空間，就必須打掉局部牆面，以製造連貫的公共空間氣氛。

這棟建築本身的保存狀況不佳，柱樑腐爛得十分嚴重，不能像傳統修復老建築一樣用抽換的方式，它又是與鄰房壁面緊鄰的街屋，也沒有辦法解體再重構。在種種考量下，建築團隊決定以賦予老建築「第二層結構系統」的設計概念來翻修──也就是原來有柱子的地方增加一根鋼柱扶助，有樑的地方就增加一根樑，最後再以室內設計的裝飾手法，將這些結構包覆起來，「保持老的骨肉，換一張新的皮。」鍾永男說。

現代設計與歷史的合音

做爲一位現代設計師，他也沒忘了賦予老建築一種當代思維，更沒有忽略到空間之外，構成咖啡店的重要元素——舒適與放鬆。爲了製造咖啡店的舒適質感，他在傳統木構造之中，加入了現代的設計元素，利用屬於現代的線條、顏色與材質去和古老的建築對話，產生一種亦古亦今的絕妙氛圍。

在整體風格塑造上，爲了不讓咖啡店顯得太古味，他從日本傳統建築中常見的木柵條中吸取設計元素，賦予它現代的線條比例與質感，統一整個建築裡外的風格調性。像是外觀上，在屋簷部分就用了很多線條的設計，室內牆面的壁龕中間也以木條包住原來的舊牆面——它是線條，卻又是一個面塊，同時它也有一種穿透的效果，可以在遮醜的同時卻讓人可以看到原來的歷史舊貌。

從事老建築翻修多年的鍾永男，在此之前也從沒機會使用到老宅，親身接觸後才發現這樣的經驗其實很特別。對他來說，老宅是一種感情，是人與物、人與時間、人與空間的感情綜合體。雖然這樣的東西不是貴重、豪華的，但是這種氛圍是溫暖的、更值錢的。「老宅可以當一個很好的朋友，它的氛圍是樸直的、安靜的、親切的，你好好對待它，它也會回饋給你一些東西。」●

Q：請問挑選了哪些物件作為店家風格塑造？

A：家具、燈具的選用，都是現代的設計產品，主要的要求是舒適度。像是日式風味的吊燈，讓空間有溫暖感，餐椅則是有軟墊的，讓人可以舒服地久坐。

5

(5)二樓建築事務所的辦公區，牆面被書架佔據，新的層架與原始的柱子和諧地相容。(6)二樓可以看到堅實的木樑上，一層層木頭疊上屋頂，以螺栓搭接的和式屋架。(7)通往二樓的木梯，連接了跨越兩層樓的大書架，不僅做爲通道，也讓空間增加了趣味性。(8)二樓的陽台是員工的祕密休憩處，大片的窗戶爲室內的辦公環境，引進自然舒適的日光。

8

7

6

A 日式老屋· Drop Coffee House 02

滴咖啡

木製玻璃屋裡的迷人香氣

老宅是非常稀有的，
它代表了年代的傳承，
更是強烈的形象識別。

〔店員〕詠雅

〔店主〕David

Taipei

屋齡 57 年

經過新生南路時，來往的行人總是會被一棟小小的玻璃斜頂平房給駐足吸引。滴咖啡，這座將日治時代木造建築改建成玻璃屋的咖啡廳，在深色木頭與玻璃清透的視角中，找到了咖啡香味的原點。text：李昭融　photo：WE R THE CATCHER

〔滴咖啡〕 ☞ 台北市新生南路三段76巷1號 ☎ (02)2368-4222 ⌚ 週一至週四：10:30-23:00／週五：10:30-24:00／週六：10:00-24:00／週日：10:00-23:00 Ⓦ www.dcoffee.net

——這棟靜靜佇立在台大校園對街的咖啡廳，以一種昂然的姿態，注視著來來往往的人群，乾淨的落地玻璃窗，映照出滴咖啡裡頭的忙碌，也成了城市裡愜意的一隅。這間透明的玻璃屋，已默默改變了此塊區域的都市樣貌，海明威的名作《流動的饗宴》或許最能夠形容滴咖啡的景致，在落地窗與鏡子的映照下，這裡消弭了室內與室外的隔閡，讓悠然自得的氣氛流竄其中。

坐落在學術氣息濃厚的台大校區旁，事實上，滴咖啡的前身的確爲台大教授宿舍，而店主David原先是在新生南路附近經營咖啡廳，聽許多台大師生談論，才知道舊宿舍有招標的活動。之前的咖啡廳坐落在一般的公寓裡，David正巧想換個場所，於是找來台灣建築事務所仲觀設計有限公司的蘇玉芬小姐設計競圖，贏得招標後，便開始了與老宅的不解之緣。

木製的感動

David將設計全權交給專業的蘇小姐，啡想保留房子的木結構，「已經很少能在馬路旁看到木造的房子，這種深色的老木頭，又更令人印象深刻。」像滴咖啡這種被稱爲衍樑結構的斜頂構造，房子的安全係數高，即便是颱風或大雨也只有屋瓦會破損，因此在整修時，僅在橫樑上加入強化木材支撐，David說：「老房子的好或許就在這裡，以前的人比較不會偷工減料，結構上也比較紮實。」

爲了讓衍樑結構更明顯，他還將天花板和厚重的牆面全數拆除，將已經腐蝕的立柱抽掉，並大費周章地慎選舊木料替換，「我當然可以找新的木材，但是這樣氣氛就不對了，我不希望因爲翻新而讓原本的感覺消失。」於是這尋得不易的舊木材便擔負起整棟房子的支架，然後在中間嵌入強化玻璃，將整棟房子的側面翻轉，讓原本面對小巷的門

Q：翻新老宅所投資的費用和時間？

A：設計就花了快兩個月，施工也差不多兩個月。金額大概在250萬上下。

（1）位於新生南路上的滴咖啡，因爲其獨特的玻璃屋外型，早已成爲附近的指標地。（2）滴咖啡的咖啡師傅阿傑正在用鹵素燈烹煮咖啡。

2

3

4

(3)乾淨寬敞的空間，因為全木頭的內裝，予人溫馨的感受。
(4)因為不破壞老房子的木造結構，滴咖啡不開火，特別採用鹵素燈烹煮咖啡。

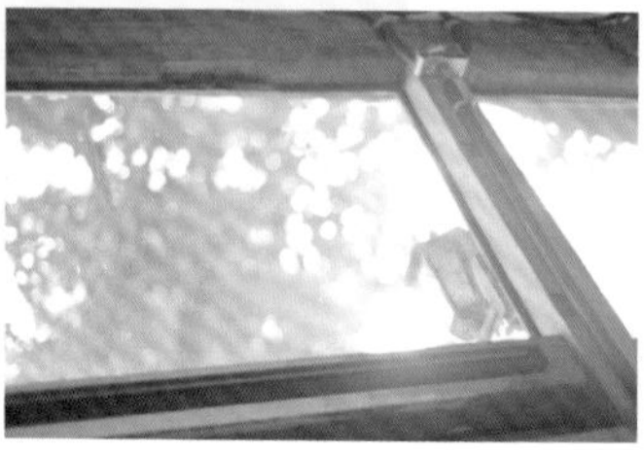

Q：回收老宅的注意事項，遇到困難時如何解決？

A：要找到好的木工，現在一些年輕的木工只會用夾板。這種老舊房子都是木結構，所以必須要加強木頭的支撐力。然後遇到困難時要懂得詢問，像我也是慢慢跟人請教才知道很多原先不懂的細節。

口成爲面對馬路，適合營業的模式。

滴咖啡的更動說大不大，說小不小，卻足以讓一間看起來早該汰舊的建築物，搖身一變，成爲最時髦的社交場所。

獨具透視感的空間

在日治時代的木製結構裡嵌上大片的落地玻璃，是滴咖啡最令人著迷的巧思，但過程中也遭遇了不少困難，「木工老師傅很難找，現在的木工習慣用夾板，但老宅裡的木頭歷史悠久，需要修繕技巧維護，得要找有經驗的木工才能執行，但就算會作，有些人也不願意作，因爲花同樣的時間可以接比較輕鬆的案子。」滴咖啡在木頭的處理上，花了不少時間，但這些等待與尋找是值得的，泛著時代感的黑色檜木，與非常當代的玻璃材料意外適合，搭配上大片的鏡子，令熙熙攘攘的流動人潮也成了滴咖啡內的一景。

在極有特色的挑高空間裡，David並沒有特意塑造風格，唯有置於中心位置的開放式吧台是特別訂製的，除了能讓客人看到咖啡烹煮的過程，更是爲了營造空間的流暢感。這裡的地板也煞費苦心，不像一般的日式地板特意打磨得光亮鑑人，滴咖啡的地板在保留老房子的粗糙感之餘，請師傅重新鋪上柳安木，讓這種柔軟具有香氣的木頭，融入老宅的懷舊氣息。

無法妥協的職人堅持

David道起老宅頭頭是道，但從事咖啡業十餘年的他，眞正著迷的還是那濃郁的香氣，從民國七十六年經營紅酒到咖啡，品味，是David的唯一堅持。「從City Coffee到星巴克，現在的咖啡市場太大了，但眞正用心獨立經營咖啡廳的卻沒有幾家。咖啡是非常迷人的，它和紅酒一樣，不同產區會有不同的香氣，不同的烘焙方式也會帶來截然不同的風味。」事實上，這裡的店名來自英文的Drop Coffee，本來的滴應該是Drip，但David卻刻意使用Drop來代表，就是爲了呈現咖啡從採收到烘焙所經歷的不完整與爆烈狀態。

David對咖啡的熱情可不是隨便說說，他堅持以最繁複的工序，創造出讓味蕾爲之感動的咖啡，「我們的咖啡都是師傅用心下去熬煮，所以特別好喝。」店裡的招牌冰滴咖啡便是花四個小時慢慢滴漏而來，別的地方很難喝到這麼道地的堅持，而魯安達咖啡也是店家的推薦，因爲國家海拔比較高，日夜溫差大所造就濃郁的特殊香氣，一喝就知道跟外面賣的不一樣。

與一般兼賣茶品和輕食的咖啡廳不同，這裡只有咖啡，就是因爲職人的堅持。

與老宅一同呼吸

即使熱愛咖啡如David，也爲了這棟歷史悠久的老宅做出犧牲，不想破壞原本的木結構，所以整家店都不開火，烹煮咖啡均以鹵素燈代替火爐，「老宅代表的就是延續與傳承，如果損害這裡的結構，就很難讓下一個人永續使用，它不只是個建築物，更象徵了一個時代。」

在瀰漫著咖啡香的空間裡，滴咖啡也從日據時代的宿舍，轉化成當今時髦的咖啡廳，在歷經逾六十年的時光更迭，周遭的景色早就人事已非，唯一不變的，只有老宅裡透出的光亮。

Q：請問挑選了哪些物件作為店家風格塑造？

A：因為外觀已經很吸引人了，所以店內沒有特別塑造風格，只有開放式吧台是特別訂製的，讓客人能夠看到我們的一舉一動。

5

(5)店主David對咖啡的堅持從選豆開始，處處都是工夫。
(6)爲了方便學生和行人，滴咖啡也有提供外帶服務。

6

A 日式老屋 Bloody Sonsy Moss 03

Bloody Sonsy Moss

體現在細節變化中，老風景的不同情調

老房子是一個浪漫的地方，
不僅提供居住，
也是與好友、鄰居
分享生活感觸的所在。

〔店主〕蔡田

Taichung

屋齡 70 年

躲在幽靜的小巷內，充滿懷舊氣息的時尚餐廳 Bloody Sonsy Moss，就坐落在這一片綠意簇擁著的日治時代將軍官邸中。幾張低調而獨特的古董壁紙，幾盞幽暗的燈光，加上幾張老沙發與動人的音樂，在這古老原味的空間中，一段跨越時空的美感對話在此散發著魅力。text：張素雯　photo：WE R THE CATCHER

〔Bloody Sonsy Moss〕 ☞ 台中市太平路75巷7號 ☎（04）2225-7297 🕒 週二至週四：12:00-21:00／週五至週六：12:00-22:00／週日：12:00-21:00／週一休

1

——在這條台中一中街商圈外圍的幽靜巷弄內，錯落著的幾間老舊的日式房舍，被庭園的樹木花草染成一片綠意，懷舊的氣氛讓人感覺彷如誤入時空，雖與繁鬧的商圈僅有咫尺之隔，但是外牆上的彩色藝術塗鴉，提醒你這兒仍屬於年輕人的勢力範圍。

已經營有十年之久的咖啡簡餐店「Bloody Sonsy Moss」，就位於這樣一棟日治時代遺留下來的將軍宅邸裡。門口上幾個比店名還醒目的字寫著「吃和喝和坐一下」，看似理所當然的簡單，透露出一種自在無爲的閒適，就是這家店的經營風格。

步入敞開著的院子大門，有著茂盛豐富植栽的長條形前院，讓人不禁想在戶外逗留一會兒才願意進入室內。打開木門一進入室內，眨眨眼睛適應眼前的昏暗之後，踏上墊高的木造地板，還得留意腳下發出的軋吱聲音。

老宅的風格微調

年輕帥氣的店主蔡田，最早是從事服飾業，本來只想找個幾坪的小空間當作服飾店面使用，沒想到卻碰到了這麼一個內外有一百五十多坪的大宅邸，就因爲太喜歡這棟老房子，於是蔡田開始了他的餐飲事業，而服飾店則蹲踞在一旁像是車庫的位置裡，現在看來倒是成了附屬。

蔡田當初接手的時候，這棟木造結構的日式平房已廢棄不用，但是屋況保存尙佳，雖然歷經九二一地震後屋樑略爲變形彎曲，但是因爲結構幾乎都是使用檜木，所以仍舊十分堅固。

本身收藏有許多老家具的蔡田，就是因爲喜歡老東西與老房子，所以當決定要租下一棟老宅來營業時，他便決定要保留它原來的樣子。「因爲老房子本身就有一定的氛圍，你不用刻意去營造什麼，也不用去翻新，只

Q：翻新老宅所投資的費用和時間？

A：因為住宅本身保存狀況頗佳，沒有太大翻修，因此翻修的花費主要在於管線的更新。而家具、燈具都是一直陸續增加的，有一部分是進口的，價格都不便宜，也不好找。時間上花費了一個月的時間打掃，然後將近半年的時間整理內部空間。

(1)綠色植物包圍下的日式老建築，與外牆的塗鴉相映成趣。
(2)古董壁紙與舊沙發，讓窗旁的角落別有味道。

2

4

3

5

(3)簡單的光影，就可以讓空間有不一樣的趣味變化。(4)原來壁龕的空間成爲一個隱密的小世界。(5)玄關處一瓶盛開的百合以濃郁的香氣迎客，加上幾盞西洋燈，讓將軍老宅多了一種柔軟的魅力。

Q：回收老宅的注意事項，遇到困難時如何解決？

A：主要是管線問題，老舊需要更換。另外接手這棟老宅時，因為之前的人疏於照顧所以比較髒亂，因此花了一些時間整理。

要做一些微調，就可以有不同的效果，在裝潢上也可以省掉一筆開銷。」因此蔡田進駐這個廢棄的日式宅邸後，整個房子的結構都沒有做改變，甚至連破損的地方也都故意保留下來。

「剛開始接手的時候眞的毫無頭緒，完全沒有餐飲經驗，也沒有經手過如此大的建築空間，而且又隱身在巷弄裡。」在完全沒有信心之下，他開始了漫長的打掃及整理。因爲房子荒廢太久，屋齡太高，又加上房東一家在此住了好幾十年中間有太多的空間變更，所以光是重新整理清空就是項大工程，搬清廢棄家具和私人用品，就載了好幾卡車。然後他又花費了一個月的時間打掃，用了將近半年的時間整理內部空間，上漆、上壁紙、空間微調，最後擺上家具，安裝上燈光，院子裡又另有一個大工程，除草、整地、栽種花草，再加上每日細心的呵護，才有了現在的模樣。

復古時尚的空間基調

在裝修時，蔡田想到曾在日本造訪過許多類似的餐廳，將木造老宅搭配普普風格的設計，這樣和諧卻又獨具風格的氛圍，讓他決定如法炮製。「這是我的第一家餐廳，所以其實當時我沒有想很多。」雖說如此，但其實他憑藉著從事服飾業以來鍛鍊成的審美眼光，透過壁紙、家具、擺飾的簡單改變，讓這個老將軍宅邸幻變成一個有著慵懶、舒適氛圍的餐飲空間。

「我覺得這個建築物的存在就很有意思了，所以你也不需要去動到它任何結構。」日式的房子有個好處，就是只要拆掉紙門，就可以有一個連續的大空間，而一窟一窟的壁櫥拆掉門板後，也就變成一個個小包廂。

在這裡，不僅是老宅很有歲數，連家具都看得出年紀。首先，他先以有著簡單幾何風格的普普風壁紙，讓老宅穿上一層復古的時尚基調，然後再以舊沙發做爲貫穿，這些蔡田長年來收藏、累積的老家具，有些是國外買的，也有在眷村撿的或是二手市場得來。這邊的每一件家具都有自己的個性，從色彩、造型到皮製、毛呢、絲絨等各樣材質，它們各自獨特的風味，再搭配上吊燈、檯燈的光線，決定了每一個空間的氛圍與個性。這些都在蔡田的精心安排下，一切顯得自然而不造作。

從前人的浪漫設計

十年來，店裡包括家具淘汰及內部空間調整又做了好多次的修整，雖然僅僅是沙發位置的調整，卻讓這片室內風景有了奇妙的變化。蔡田望向窗外綠色的植物風景，回想這十年來的歷程，不禁驚呼道：「這十年來小盆栽都變成大植物了！」

對於老房子，蔡田擁有一種特別的感情，所以後來他開了另一家餐飲店，一樣也是選擇有相當歷史的老洋房。「一直以來，我就對台灣各地的老舊房子充滿了幻想及尊敬，如老舊眷村、日式老房或老式洋房，總覺得以前的人蓋房子，不僅只供居住，還多了點像是風向考量等居住舒適的想法，會留大片的空地讓綠意帶進居住的空間，也多了些親朋好友、左鄰右舍來訪聊天的娛樂空間，感覺是一種浪漫的設計。」

心裡頭琢磨著蔡田所謂的「從前人的浪漫」，耳邊正好傳來一段低沉緩慢的爵士音樂，慵懶的聲音彷彿融進昏暗的光影裡，加深了舒適感的濃度，旁邊的老沙發裡捲縮著幾個人影，偶爾傳來幾句輕輕的笑聲，在空氣中擴散著……，這時才恍然體悟，原來生活中最簡單的浪漫就是這麼一回事。

Q：請問挑選了哪些物件作為店家風格塑造？

A：主要是老家具，以及燈具、壁紙，大致上為歐式暗色調的普普風格，並以昏黃的燈光營造一種懷舊的氛圍。

6

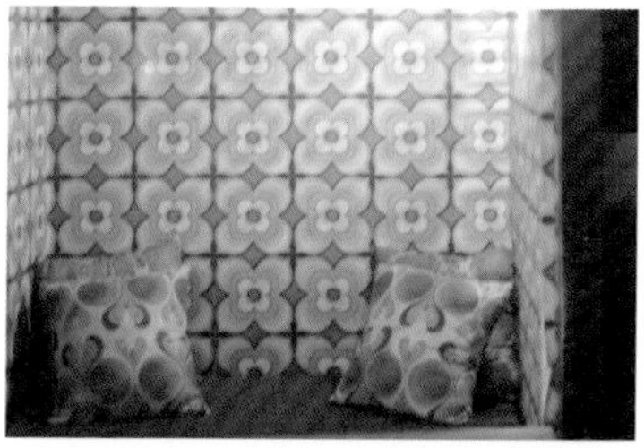

7

(6) 鑲上玻璃的格子落地門，將大廳與包廂區隔開來，造型花樣特殊的二手設計家具與地毯，塑造了另一種空間風情。(7) 壁龕的小角落。(8) 店主收藏的古董小物點綴著空間。(9) 角落中的幾顆反光球，似乎暗示著某種過往的繁華。(10) 原來的緣廊變成一個充滿自然光的室內空間。

10

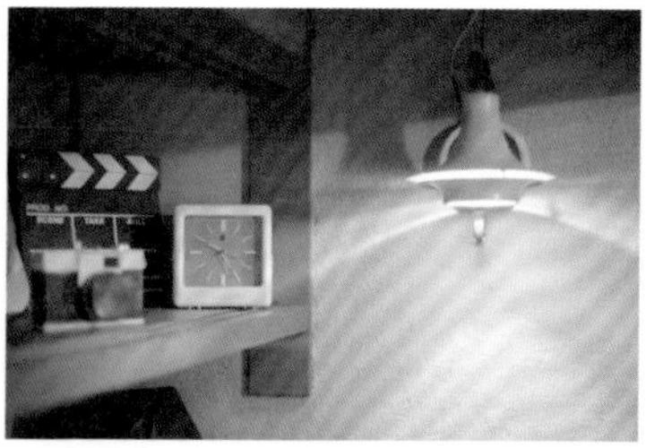

8

9

A 日式老屋　Sputnik Lab　04

衛屋

在老時光中追尋創意靈感

老空間和老東西
會讓人想要不斷去發掘，
會發現有很多故事在裡面。

〔店主〕劉上鳴

Tainan

屋齡 100 年

一棟百年的日式老建築與一位二十多歲的年輕皮件設計師，在台南相遇。執著於老東西與背後蘊藏的傳統手工價值，「衛屋」店主劉上鳴親手翻修做為工作室的這棟百年老宅，在他的執著與巧思之下，老房子以最俐落的姿態，重展日本文化深蘊的典雅內涵。 text：張素雯　photo：WE R THE CATCHER

〔衛屋〕 ☞ 台南市北區富北街74號 ☎ 0926-251-122 ⌚ 週一至週日：13:00-19:00／週三休
W sputniklab.blogspot.tw

1

——火車站一向是城市經濟發展的重要區域，在台南火車站的南邊，便是熱鬧繁榮的商業區，但是讓人驚訝的，就在離車站僅有咫尺之遠的北邊，緊鄰著台南公園旁的這片眷村與老宿舍聚集的街區，卻有著城市難得的靜謐與優閒。

在公園附近的巷道繞了一下，準備要拜訪的皮革工作室「衛屋」並不容易覓得，倒是在徘徊之間遇見幾棟老屋拆除的痕跡，正當對著空地唏噓之時，年輕的衛屋店主也從巷道中鑽出來迎接，這才發現了旁邊柱子上小小的衛屋標誌與自己的後知後覺。

其實包含已成空地的這戶，這條巷內整排原本都是日治時代所建的報社宿舍，而今僅剩三戶人家仍保留著這樣的百年日式老屋。從小在眷村長大的劉上鳴，對於日式房屋一向懷有特別的感情，他就是在散步當中，運氣十足地巧遇這個地方，這棟老房子也就成爲這位二十六歲年輕皮革設計師創業的所在地。

雙手打造夢想工作室

從外面看來，磚造的圍牆看似台灣味，但仔細一看，牆上卻又搭上支架鋪著日式的燻瓦，踏進僅一步寬的院子後更是讓人驚喜，白色細石子造出的一片小巧枯山水，點到爲止地賦予這座老宅一小處禪境。

這棟小巧的日式平房，在劉上鳴兩年前租下這棟屋子前曾荒廢大約一年時間，但因爲長期以來都有人居住，也沒有被太大地改裝，除了地板之外，窗戶、門、天花板都是原來的，保存狀況算是不錯。

因爲現代師傅對於老工法不夠熟悉，很多木工師傅也不喜歡接耗工費時的翻修案子，因此劉上鳴索性親自披掛上陣，自己一邊研究一邊翻修這棟老房子。原來念服裝設

Q：翻新老宅所投資的費用和時間？

A：包含院子大概有30坪，大體上花了三個月的時間，其他陸陸續續整理，大部分都是自己弄，主要是材料費，大約十幾萬而已。

（1）透明浪板遮蔽下，小巧的後院被布置成一個日式枯山水庭園。
（2）角落中一瓶小菊花，讓素雅的空間多了分柔美。

2

(3)角落中一張沙發讓工作之餘可以輕鬆閒坐，一旁櫥櫃則擺置著店主的收藏，風格一樣是簡單而素雅。(4)開放式的工作室空間，以一張大型工作桌爲中心，周圍則陳列著作品與材料。(5)一整面大窗將庭院的景致攬至室內，變成室內的緣廊成爲屋內最舒適的所在。

4

3

5

Q：回收老宅的注意事項，遇到困難時如何解決？

A：當初決定承租這棟房子，就是因為它的結構很完整，雖然有一些蟲蛀腐爛的部分，但都只是面材，沒有損及結構，替換上也沒有太大困難。主要是做一些表面的修繕，像是脫落的表面木板就稍作補強，還有玻璃的置換、重新補回裝冷氣被挖空的戶外格柵。只有電路簡單地重牽，但因牆壁是以所謂三合土敷成的編竹夾泥牆，不是磚牆而無法釘釘子，所以開關、插座必須固定在木框架上。

計的他，對建築雖非專業，但因爲興趣，長期以來一直不斷涉獵足夠的相關知識，從原始的材料、工法，到如何去搭配，他花了很大的工夫去蒐集日本房屋的案例，也去考證房子的歷史，像是這棟房子方形疊起用榫接方式組成的屋架結構，就成爲他判定房子年代的依據，「這個研究過程很有趣，本來很多東西都是教科書上才看得到，但能夠實際上自己去發現，又是另一種新鮮的體驗。」

簡潔中包覆重重巧思

衛屋的翻修中，最大的工程是油漆，劉上鳴希望這個空間能有日式典雅的感覺，但是又不要讓它感覺老氣，所以色調上選了黑白兩色的搭配，黑色主要是木頭部分，白色則是牆面，讓整體空間在現代感中有穩重的氣質，再搭配深色的皮革沙發，與原皮色與黑色爲主的皮革作品，也顯得十分協調。

因爲這個空間用做工作室兼店面，爲了符合使用需求，他把原來爲了隔成房間被釘死的拉門拿掉，讓空間變成是開放的。並且也將原來的壁櫥拆掉，壁龕的空間加上層板成爲收納與展示皮革、作品的地方。而爲了營造室內柔和的光線氛圍，他在抽屜、櫃子以及屋子的木框上，以木板包覆燈管的間接照明設計，看起來像是從樑柱裡透出來的光線，「我覺得日式空間原本就不需要太多多餘的東西，加上天花板不高，若以懸吊式燈具會顯得有壓迫感。」諸如此類，許多看不到的設計巧思，都被隱藏在簡潔典雅的空間細節裡，自然地存在著。像是後院也用了門扇去做一道假的牆面，來遮掩原來磚牆上的瓦斯管線。

面對後院的「緣側」空間，在之前便已被改成室內空間，現在擺了兩張沙發，仍是一處休憩的所在。「我很喜歡緣側這樣的空間，但既然無法恢復，我想稍微讓它有點半戶外的感覺。」劉上鳴將外擴出去的窗戶下半部，腐爛的雙層條狀木窗遮板，用舊木料替換成日式欄杆的樣式，不但讓光線更佳，也讓坐在沙發上的人有種坐在二樓俯瞰院子的錯覺。

老時光裡的創意靈感

點綴在極盡單純的空間周圍，架子上讓人吸睛的老家具與舊物，都是劉上鳴的收藏。從國中他就喜歡收集老東西，算一算也有超過十年的收藏經歷，這些收藏以日式小物件爲主，像是一系列造型、功用各異的燈泡，到有著細緻花紋的玻璃杯，整體風格就像店主的氣質一樣，讓人感到溫謙舒適。

這些收藏以日本舊物爲主，身爲日本文化迷的劉上鳴認爲，日本文化許多吸收自外來文化，但他們把它內化成爲具有日本特質的文化，而產生一種特殊的魅力。「日本人的美感在於他們很節制，不會有誇張超過，就是剛剛好。造型、色調很節制、內斂，是我比較喜歡的。」

黃色的燈光下，耳邊飄著充滿懷舊氣味的日本民謠音樂，讓人似乎心思也要飄到了那個東洋國度裡。角落裡的幾瓶花，讓人眼睛一亮，也爲這片安靜的風景製造出一點生氣，這也是略諳花道的店主親自插上的。

彷彿置身於古老時光裡的這位年輕人，藉由一樣老東西或一個老空間，去找到他的創作靈感；可能是一種材料，或是一個線條、顏色或形式，「因爲它不屬於這個年代，所以你會感覺到一種特別的氣氛，會想要去發掘它，發掘之後就會發現裡面有很多故事，我很喜歡沉浸在這樣的氛圍裡面。」

6

Q：請問挑選了哪些物件作為店家風格塑造？

A：主要是日本的舊物收藏，撿來的舊家具，還有定期更換的花道作品。

7

（6）壁龕被改造成展示與收納皮件作品與材料的地方。
（7）移除門扇後空間顯得開闊，沿著牆邊擺置著店主多年的收藏。
（8）店主的收藏精心地融入在工作室的環境中。

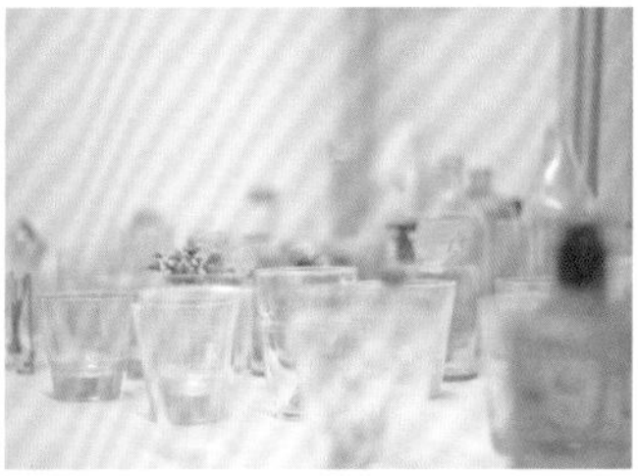

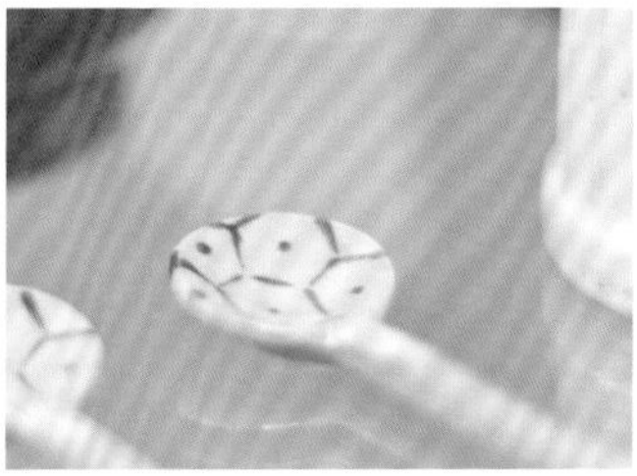

8

B 獨棟瓦房 Muzi 05

木子・大地的孩子

阿嬤家記憶中尋找純粹的生活滋味

進入老屋，
在裡面用力地生活；
感情才是老屋裡面
最重要的靈魂。

〔小管家〕李盈彗

〔店主〕Jimmy

Tainan

屋齡 40 年

紅磚、木門與古董家具，空間中的光影與畫面，喚醒許多童年關於阿嬤家的記憶。看似隨意的鑿洞，讓陽光與風充滿在室內各處，有著原始綠建築的細膩巧思。「木子」就像是每個人記憶中阿嬤的房子，聚集著來自各地的遊子，在旅行中一同分享童年記憶中的美好滋味。 text：張素雯　photo：WE R THE CATCHER

〔木子。大地的孩子〕 ☞ 台南市中西區神農街145號 ☎ 0972-922-632 🕒 週一至週日：14:00-20:00（不定休）
W 2010muzi.blogspot.tw

1

——位於昔日府城重要的運河港道「五條港」的重要位置，神農街這條看似平凡的小街道，曾經是清代的重要經濟中心，而在今日，商業交易繁榮的景況不再，卻多了份生活的閒適悠哉，近年來老屋重新地被重視，也讓這裡聚集了年輕人在此開店實現理想，文創小店、酒館、藝廊與廟宇同駐一條街，在傳統氛圍中融入了現代的創意與新鮮感，而成爲台南觀光必遊熱點。

走到神農街的末段，可以看到一個小巧的院子，門前大大的陶製水缸裡種著幾顆翠綠的姑婆芋，一扇敞開的黑色木門上，紅底黑字寫著「和爲可貴，居之則安」的對聯，表達著百年前人們對於生活的簡單看法，而這也是「木子」店主Jimmy與Kelly的生活哲學。

從事婚紗攝影的Jimmy與Kelly，二〇〇九年買下位於神農街後段的這棟四層樓老房子，原本只是想要一棟自己住的房子，但是Jimmy的朋友們來住過都覺得很喜歡，於是才決定以民宿方式來經營，並且結合展覽空間、雜貨與咖啡，接續即將落幕的「飛魚記憶美術館」的展覽平台，讓設計者有一個空間可以展示自己的作品，也希望讓神農街的觀光客可以看到台南的創意。

鑿壁借光的原始綠建築

這棟四層樓的磚造樓房，大約有四、五十年的歷史，最初是一個成衣工廠，狹窄的街屋雖然地坪僅有十七坪，不過空間卻沒有想像中的侷促，一進門可以看到一個Jimmy自行打通出來的天井，貫穿一到四樓，讓室內充滿光線。和「飛魚」一樣，這個天井的中央也立著一棵海邊拾來的巨大漂流木，可以說就是「木子」的核心價值，希望設計者來這裡辦展覽，種下各樣的樹木種子，在這邊發芽長大；因爲對於Jimmy來說，每個人都像

Q：翻新老宅所投資的費用和時間？

A：翻修共花了100多萬，因為每個工種都是自己找，可以省下一些錢。施工時間大約半年左右。

（1）各式的二手舊家具就隨意地擺放在交誼空間中，有著老家般的輕鬆舒適感。（2）貫穿整棟樓的天井，爲室內引進了空氣與陽光。

2

4

（3）房間粗糙的牆面塗上鮮艷的色彩，地上的磁磚、老家具與窗戶上的布幔，構成一幅充滿民俗風味的景致。（4）一樓的設計雜貨區，被牆阻擋的窗戶和隨意的打洞，讓空間充滿意外的驚喜。

3

Q：回收老宅的注意事項，遇到困難時如何解決？

A：這棟房子最大的問題是壁癌，因為原來的天井結構，有很多處會滲水，因此我們有一些牆就打掉，留下原來的磚結構。還有就是鋁門窗，我們把之前的鋁門窗全部拆掉，然後自己重新訂製木窗，或是裝上舊的門窗，希望回復到比較原始的樣貌。

大地的孩子一樣，也是樹木的小孩。

這棟房子保持了很多階段的歷史工程痕跡，一到三樓因爲前屋主使用需求而被改變得較多，只有四樓以上沒有被改裝，許多有美麗圖樣的地磚和花格窗都被保留下來，這也是他們決定買下此處的主因。Jimmy在翻修時，其實幾乎是把它當作是一個原始的綠建築概念在進行，「以前的人很多東西都是用永續使用的想法製造而成，但是現在工業產品或是新的設計都是要每一兩年就換新一次，我覺得這樣的想法有點病態。像這張椅子可能七、八十年的歷史了，但它就是這樣地耐用，不像現在的椅子可能坐個三年就解體了。」他以樸拙、陽春的手法，呈現出來看似頹敗的美感，成爲一種自然、簡約生活態度的實踐，「我覺得建築的中心還是要以生活爲主。你看，這樣空氣流通得多好！」

事實上，這些像是被意外打出來的破洞，在這棟房子裡處處都可以看到，可能是牆上，或是地板、天花板上，刻意保留破洞邊緣不平整的磚塊凹凸切面，讓建築顯得有種殘破的詩意。「好不好看是其次，住在裡面的舒適和感覺才是最重要的。」

幾乎每一層樓，都有Jimmy「鑿壁借光」打出來的破洞，除了基於實用的目的之外，他打洞的目的有許多是浪漫的；可能是下午一道從破洞投射下來的光，照在角落裡一個被拆下的馬桶上，這樣帶著孤寂的氣氛，就是他從光影趣味與殘破情境中得到的心靈體驗。

向上生長的三合院

雖然木子是一棟往上發展的街屋建築，但是它的格局與氛圍，卻有鄉下三合院的氣質：紅色的磚牆、老舊的家具，還有從窗戶斜射進來的陽光，和分辨不清哪個方向吹來的清風，每一個樓層也都有一個可以坐下來聊天的小空間，營造出了「阿嬤家」的整體風格。「老東西的重點並不在於它們的老，而是在於它們的感情，你看到它，你可以有多少的回憶，我覺得那才是最重要的。」

事實上，這邊不少小物件眞的就是從面臨拆除的阿嬤家帶來的，他在這邊不但保留下了阿嬤家的東西，也延續了家族共有的美好記憶。「我的爸爸來到這裡看了就很感動，剛開始時雖然覺得我是在搞一棟破屋，但後來完成時，他們也終於明白我想要做的是什麼。」

一樓的雜貨鋪，架高了一個木板平台，Jimmy的設計是希望來這邊的人可以更隨意地坐臥在這裡，「類似去了阿嬤家，就會有個要脫鞋的通鋪大床，還有蚊帳垂落在旁，一家人可以在這上面一同生活。」二樓以上是屬於民宿的部分，雖然每間房間都是套房，但是每層樓都刻意在房間外放一些椅子，成爲住宿者的交誼廳所在，有時候在這裡，可以看到彼此不認識的房客，舒服地坐在外頭的椅子上，一起彈起吉他唱起歌來。

Jimmy和Kelly這個極度浪漫的一對，讓木子成爲生活的實驗場，他們不喜歡刻意的裝潢，在這裡也沒有電視，因爲他們的哲學是「住的地方越簡單，煩惱的東西才會越少。」他們自己也在房子頂樓加蓋的閣樓上規劃了自己的住處，像是樹屋一般，小鳥與貓咪就在隔壁的屋頂上飛飛跳跳，有種野宿在外的感覺。

目前房子還在逐步營造中，Jimmy說，還有很多樹要種，而且要一邊住才會知道需要什麼。「一次完成，就少了那種和房子一起改變的感覺。這樣一樣一樣一樣慢慢地來，感覺滿棒的！」

Q：請問挑選了哪些物件作為店家風格塑造？

A：窗戶和門扉上裝飾著一些布，可以遮光，也可以隨風飄揚，這些布有些是來自雲南的麗江，有些則是古董店買的。再加上一些撿來的玩具鐵馬與小物件，很多不同的記憶組合起來的空間，像是小時候在巷弄裡嬉戲的感覺。我們也陸續在種植各種植物包括青楓和爬藤植物，讓它們在磚牆與破洞之間攀爬生長，讓室內增加更多自然的情境。

5

（5）從雲南麗江帶回來的印花布，隨著窗外吹進的微風飄舞。
（6）大量的自然光線，讓房間感覺明亮舒適，磚造的牆面在各樣的顏色與表面處理下，也有不一樣的變化。

6

B 獨棟瓦房 Blue Print 06

藍晒圖

隨著時空變換的建築記憶藍圖

老宅是與過去的連結，
透過種種細節與工法，
可以讀到背後的故事。

〔執行長〕蔡佩烜

〔主持人〕劉國滄

Tainan 屋齡 100 年

藝術不但讓街道活了起來，也讓老宅有了新生命。海安路上的藍晒圖，這棟在黑暗中發出奇異藍光的老屋子，似乎具有某種魔力一般，將殘破的景象幻化成一幅充滿神祕氛圍的記憶藍圖，從平面躍出的立體空間，成為一種模糊虛幻的體驗，也是這個飲酒空間最讓人迷醉之處。text：張素雯 photo：WE R THE CATCHER

〔藍晒圖〕 ☞ 台南市中西區和平街79號（原址已結束營業，可改至藍晒圖文創園區 新址：臺南市南區西門路一段689巷，W http://bcp.culture.tainan.gov.tw）

——白天的海安路，沒有行人，看似被大斧劈開的殘破房屋，壁面上有著藝術家的創作和塗鴉，雖然色彩鮮豔卻很難說起到「美化」的作用，倒是讓殘破的氣息更添一股哀傷。但是到了夜晚，海安路卻搖身一變成爲華麗的舞孃，閃亮的招牌高掛，一間間的酒肆餐坊門庭若市，整條街像是齊聚了全城不睡的鬼魂們而成爲一座飲酒作樂的不夜之城。

就在這一片繁榮之外，一座發著幽幽藍光的破舊老屋，在海安路口的角落以鬼魅般的姿態棲息著。名爲「藍晒圖」的這家酒吧，老牆被漆成寶藍色，如同建築藍圖的白色線條，在牆面上勾劃出這座老屋曾有的空間樣貌，半截凸出在外的木屋樑與桌、椅、皮箱，像是將建築的骨肉血淋淋地剖開，露現出老屋殘破的身體裡留存的過往記憶。

藝術改變一條路

說到「藍晒圖」這家位於海安路上的知名地標酒吧，就不能不提到二〇〇三年的那場轟動全台的「海安路藝術造街」藝術盛事。這個活動始於一項錯誤政策：市府爲了建築海安路這條新馬路，將台南市的水文環境「五條港」切斷，規劃不完善之下，道路周邊建築並非全屋徵收，而是依照道路所需裁割，因此出現許多建築被切割一半的奇異景象，道路周邊的房舍一夜之間變成斷垣殘壁的廢墟，畸零而且殘破滲水的屋況讓屋主也無法使用，而讓海安路從一誕生就成爲一條無人居住的「鬼路」。

於是，台南在地的藝術策展人杜昭賢在「藝術建醮」活化民權路老街活動的延續下，號召十幾位藝術家以裝置藝術手法，將破敗的海安路街道賦予新的面容，藉此喚起世人

1

Q：翻新老宅所投資的費用和時間？

A：總共70多坪的空間，初期翻修花了半年時間，費用大概有300多萬，後來股東易手，又花了100多萬整修，耗時約兩個多月。

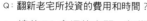

（1）建築師劉國滄將被剖開的老牆漆成寶藍色，以平面的白線勾勒出畸零地之前存在的窗戶、家具的輪廓，以平面手法來表現立體感。

3

2

（2）夜晚的藍牆在燈光照射下，有著一種詭異的魅力。
（3）生鏽的鐵網門與老建築的花格窗，構成衝突的美感。

3

（3）樓中樓式的二樓，裸露出原始的天花板結構，空間中則懸吊著藝術作品。
（4）風格強烈的藍晒圖概念，衍生在各種擺飾物件上。

4

Q：回收老宅的注意事項，遇到困難時如何解決？

A：整修與使用過程中，最大的問題就是滲水，因為原來運河的水文還在影響著，所以建築保存狀況十分惡劣，加上拆除過程中的影響，更讓建築本身的結構鬆散。因此為了讓它不致坍塌危險，以金屬支架來做結構補強，像是吧檯就是利用這些金屬支架來做設計規劃，一樓地板為了應付滲水問題，則以金屬結構與玻璃架高。

對於這個地方的關心。就是因爲這個藝術介入海安路的活動，讓海安路的命運從此大翻轉，一個個的藝術景點吸引許多遊客前來參觀拍照，而當時作爲藝術造街作品之一的「藍晒圖」，也順勢成爲第一家在海安路上營業的夜店。

成為景點的一面牆

這面「藍晒圖」作品，名爲〈牆的記性〉，是「打開聯合」建築師劉國滄爲海安路藝術造街中所作。他將對於這座破敗建築的想像，以「2．5D」的空間透視呈現方式，留下了許多遐想的空間，讓觀眾可以進入作品產生各種聯想，而這也是這件作品最成功的部分。

而「藍晒圖」從一件作品變成一個飲食空間，目的就是爲了要永遠留住這面牆，讓這件作品不僅僅存在於展覽期間內，而能在活動結束後繼續在這條街道上存在著，並且讓一般民眾在欣賞作品之餘，體驗台南的夜生活。在一群藝術家的熱情支持之下，酒吧從展覽後開始營業至今，但是隨著海安路藝術造街成功引來的商機，吸引了其他店家的陸續跟進，隨著客群的變化藍晒圖也面臨了轉型的挑戰，加上成員們純粹靠著理想在硬撐，沒有人是真的有餐飲經營概念，因此到了開業五年左右，很多股東都想讓這家店結束營業。

「三年前股東轉換之際，沒想到很多顧客打電話來鼓勵，說藍晒圖是『台南的精神』，不能讓這家店消失。而對於我們打開聯合團隊來說，這畢竟是劉國滄的作品，意義更是重大。」於是最後「打開聯合文化旅店」的執行長蔡佩烜決定將全部股權買下來。爲了瞭解餐飲經營，她甚至跑去學調酒，希望能更了解這個行業，也才能更精準地估算這家店的經濟規模，訓練出適合的店長，最後讓這家店能回歸到原本的想像又能掌握住營運狀況。「藍晒圖已經成爲台南的一個重要景點，我們希望來台南的人永遠記得這條路曾經是什麼樣的情景。」

藍晒圖所在的這座殘破的房子，由兩棟兩層樓的傳統老屋連結而成，至今已有一百多年的歷史，這棟房子留有五條港臨水岸建築的標準模式：一樓是店家，二樓是倉庫，可惜因爲當初道路施工的破壞，已無法看出原本的建築樣貌。店家在使用上，仍按照老房子的基本味道走，風格上則利用藍色的燈光照明做爲牆面的投射，讓這樣的飲酒夜店裡，能在空間中製造一種夢幻的非現實意境出來，「這種半暈的狀態下來看台南最美。」

目前店內左棟是餐飲營業用，右棟目前則是一個展覽空間與金工的開放工作室，每兩週舉辦一次藝術市集，持續關注藝術族群，希望提供台南的年輕創意人一個舞台。「佳佳和藍晒圖這兩家店，我們不能自誇說設計做得多好，但是它們可以做爲一種榜樣，就是只要有心、願意去學習，即使不是自己領域範圍內的事情，也是可以達成理想的。」蔡佩烜說。

藍晒圖這面牆的養護一直以來都是餐廳自行處理，但有趣的是，它卻又是以一個公共藝術的形式呈現在市容中。每年看到的藍晒圖，雖然牆面依舊湛藍，但是細節卻總有些小變化，原因是觀光客喜歡帶點東西走，因此店家得不斷爲這面牆找老東西補上，而在廢墟牆壁中雜生的樹木與草，也慢慢地越長越大，「因此藍晒圖的外觀是不斷在變化的，是活著的。」就像劉國滄的創意概念，用未來手法傳達過去，以平面勾勒空間，在這樣的曖昧中，變化的記憶卻也是永恆的。●

Q：請問挑選了哪些物件作為店家風格塑造？

A：除了一些老燈座、老櫃子、電風扇之外，為了與戶外的壁畫裝置呼應，二樓的兩面大牆也漆上藍晒圖的畫面，空間中則擺置一些以藍晒圖做為概念的桌椅、板凳、皮箱等懷舊家具的紙摺模型，並且店內也不定期的舉辦藝術展覽，也為這個空間製造了一些變化的創意趣味。

5

6

（5）一樓的座位區，牆面與燈光都被染成一片寶藍，讓飲酒空間充滿迷醉感。並且每隔幾個月會將座椅動線作調整，讓顧客可以一直有新鮮的體驗。（6）藍晒圖各個角落中，都可以發現充滿藝術感的作品與家具。

C 現代透天厝 Caffé Libero 07

咖啡小自由

舊建材中重組純粹的生活記憶

一棟充滿愛與回憶的空間，
以另一種力量擴散，
並且延續下去……

Taipei

屋齡 40 年

〔糕點主廚〕Leslie

〔店長〕阿克

〔店主〕ZOC

位於台北永康商圈的邊緣，鄰近著師大文教區的人文氣質，「咖啡小自由」在歐風的酒吧氛圍中，卻又散發讓人懷念的復古居家氛圍。這棟1970年代的豪華公寓，高貴中帶著優雅氣質，許多迷人的舊建材，更有今日難尋的別緻風格。

text：張素雯　photo：WE R THE CATCHER

〔咖啡小自由〕 ☞ 台北市金華街243巷1號 ☎（02）2356-7129 ⌚ 週一至週六：11:0-24:00／週日：12:0-18:00
LiberoCoffeeBar

——沒有師大商圈過重的市井氣味，風格獨具的店家又總能讓人驚奇，永康街區的迷人之處，便是在商業區的多采生活選項之外，多了些居家生活的閒適感與緩慢步調，並有著文教區特有的書香氣質。

本身已有好幾家咖啡館經營經驗的負責人ZOC（小高），號召了包括前老闆與熟客、同學的股東組合，以及負責實際運作的夥伴，像是在花蓮經營咖啡店的店長阿克、從加州學習糕點歸國的Leslie，再加上樓上經營「日租房」的森林系女孩阿菁等人，大夥兒有著共同的理想卻又各自扮演著不同的角色，將咖啡文化、生活概念實踐在這家咖啡店裡。

老公寓的多元再利用

這棟四層樓的建築是一九七二年建造，一九七四年完工，至今已有近四十年的屋齡。這多年來一直是由一個來自上海的經商家族三代共同居住，後來因子女移居國外，三、四樓陸續出讓，到了二〇〇九年時，一、二樓與地下室也易手，由現在的屋主所繼承，並且在二〇一〇年八月在ZOC等人承租下來後，才決定進行大改造，讓這棟舊豪宅搖身一變成為一座頗具異國情調的咖啡小館。

目前三個樓層陸續開放，首先是一樓的咖啡店與甜點屋，目前已經開始累積了不少熟客；地下室則做為活動包場使用，是一個小客廳、餐廳與廚房的組合，ZOC尤其鼓勵客人自備食材在此烹調、宴客，以彌補都會生活中在外租屋者缺乏廚房而無法下廚招待親友的缺憾；由內梯上達二樓，則是主要提供海外背包客的日租房「旅人小自在」。

咖啡小自由的進駐，在房屋結構上最大的改變，就是拆掉圍牆的工程。這棟透天公寓雖然位於人來人往的永康商圈，但是因為老舊並且有著一道高牆阻擋，常常被路人忽視。因此他們一進來的第一件事情便是打開圍牆，並將有墊高的一樓入口樓梯改造成一片向外延伸的陽台，有了這些對外空間，讓這棟屋子和街道、社區有了更多的互動，彷彿是張開手臂歡迎經過的人們。

你的廢材是我的寶貝

在一九七〇年左右的年代，永康街　近還是以一、二層的日式房舍為主，這棟四層樓的現代洋房，在興建之初可說是鶴立雞群的一棟公寓型豪宅。原來屋主本身從事建設

Q：翻新老宅所投資的費用和時間？

A：2009年8月至10月底完成，約3個月時間施工。三個樓層內外加起來約150坪左右的空間，翻修費用原來估計150萬，但最後花費接近200萬，不包含家具。

1

（1）地面鋪滿金鋼磚的地下室，二手義式咖啡機、廚具與二手設計家具，營造出一種老客廳的感覺。

2

（2）酒吧區一片落地窗，利用原本的舊玻璃包覆上新的原木框，復古的設計襯托出酒吧的沉靜氛圍。（3）有著輻射線條的天花板，釘子是手工一根根釘上的。

3

Q：回收老宅的注意事項，遇到困難時如何解決？

A：我們遇到最大的困難是時間，雖然房東已經給了兩個月的免租期，但是最初與設計師的溝通浪費了過多時間。老宅改造的過程，能夠找到一群願意配合的工班很不容易，因為對工人來說拆掉換新更容易，所以我們隨時都會在現場跟工人溝通，先小心做好防護工作再動工，因為有的東西真的一瞬間不小心打掉就怎樣也無法挽回了。

行業，因此房屋本身的建材十分不錯，像是一樓的地面是使用深棕色的櫸木地板與墨綠色蛇紋石地板，牆面裝飾的木條使用的是雲杉，奶油色的大理石牆面則經過樓梯井延伸到二樓。

雖然整個內部結構做了相當多的改變，但是他們同時也大量回收原本的舊建材，包括燈具、石材、木料、磁磚、玻璃，幾乎都保留了下來，因此大改造後，仍可以從這些小細節上，感受到相當多的一九七〇年代特色。另一方面，也因爲回收建材的使用，大大節省了購買新材料的開銷。

「施工時，工人一邊拆，我們就在旁邊一邊撿。很多工人覺得是垃圾，對我們卻有重要的意義。所以雖然省了很多材料錢，卻花了更多的工時去處理，但是現在回想起來，還是相當值得的。」

像是一樓部分空間就保留了原來的櫸木地板，後半部因爲管線破裂造成地板受潮腐爛，而將它架高並重新鋪上新的木質地板。原本是大門的對開雕刻木門，目前則被移至內部，區隔兩個不同風格的空間。貫穿一樓的吧檯設計也配合這樣的區隔，刻意將同一條吧檯的前後兩段做成兩種不同的風格：前半部是比較輕鬆的咖啡座，後半部則是帶著溫暖、沉穩風格的酒吧。裝飾著鹿頭標本的酒吧，擺著絨布沙發，對外則有個可摺疊開啓的落地窗，使用了原來的手工舊玻璃，重新設計包覆以深色木框而成。

咖啡小自由在設計上的用心，也表現在天花板的部分，包括裝飾線板的使用，讓整體擁有一種典雅的復古味道。值得一提的是，內部酒吧區造型十分特別的天花板，是拆除原本位於雷斯理糕點鋪位置的餐廳上，的一面中間向圓心凹陷的天花板，釘子是手工一根根釘上的，卸下來時必須整片卸下，必須六個人同時支撐，是個大工程。

超越時間的人文質感

雖在翻修的過程中，爲了讓新設計與

舊材料能夠更和諧的相融於一處，室內以木頭的質感做爲統調，從天花板、地板到舊家具，可以讓人感到一種溫暖的感受。而做爲畫龍點睛功臣的舊家具，是大夥兒從舊物市場甚至是路邊的廢棄家具堆裡收集而來。整體來說，內部是以深色的木製家具統整風格，戶外則是以蛇紋石的深綠色爲基調。

在陽台上吹著風，和朋友閒聊，不時還有騎著腳踏車經過的鄰居，對著店內的員工打招呼，這種鬧中有靜，充滿生活感的清閒，是這裡最吸引人的地方。這樣的氛圍，就是老宅翻新的重要意義；在人的互動下，不受時間影響的純粹生活與人文質感因而產生，這便是流動在這間咖啡館裡的自由概念！

4

（4）裝飾著鹿頭標本的酒吧，牆面木作以線板裝飾而成，配上鮮紅色的絨布沙發，有古典沉穩的風味。

Q：請問挑選了哪些物件作為店家風格塑造？

A：整體來說是希望有一種復古懷舊的氣氛，外面的咖啡座是休閒的歐風，裡面的酒吧則是帶日本味的西洋風，利用空間內保留的玻璃燈具、西洋式的線板，讓整體氛圍有殖民風格的懷舊感。

5

（5）在這個戶外咖啡座裡，像是待在自家門口聊天一般，
有著閒逸的氛圍。

7

6

9

8

（6）角落裡的照片，以及這棟房子的建照。（7）咖啡小自由的特調飲料，與雷斯理細緻的甜點。（8）各式的鑰匙圈與吊架。（9）二樓日租房的櫥櫃中保留著原來屋主的舊物，充滿懷舊感。

C 現代透天厝　Maison Blanche　08

白色小屋

以感受力與夢和老宅做連結

老房子是守護生命的延續，
它可以繼續分享、
繼續服務人們，
讓人們溫暖，療癒人們。

〔店主〕Zuvonne

Tainan

屋齡 45 年

從回歸自然、尋找自我開始，「白色小屋」店主Zuvonne在台南找到一個心靈可與之對話的老房子。在這裡，她以感受力聆聽老房子的需要，在密切的互動之間，尋找空間最佳的利用方式，讓這裡自然地發展成一種舒適的狀態，並透過分享，與更多人產生連結。 text：張素雯　photo：WE R THE CATCHER

〔白色小屋〕 ☞ 台南市北區長榮路四段76巷12號（已結束營業）

1

——走在這一條安靜的巷弄裡，午後的陽光斜斜地灑下，在地面上與圍牆上畫出不規則的房屋與樹影輪廓。這樣的光影彷彿是從某個記憶裡面飛來，或許是一種似曾相識的既視感，也或許是更為玄妙的一種心靈觸動。

在這樣悠悠的靜謐當中，一棟典型的六〇年代透天式宿舍就坐落當中，小小的院子被一道竹籬牆包圍起來，白色的門前一片綠色的生意盎然，意境上倒是頗符合「白色小屋」字面上給人的清爽純淨。

一頭細細的捲髮，帶著點純真的氣質與靈氣，店主Zuvonne其實生命中大半輩子卻是在台北這樣的大染缸裡度過。從高中起，就從屏東家鄉獨自遠赴台北學畫、生活，然後戰戰兢兢地在職場上打拚。但是，在一次旅行中，她發現工作並不是絕對的，不是她的全部，更不是她的人生。她在像是第二個故鄉一般的蘭嶼發現生活的單純，開始了解大自然和自己的生活是多麼地密切。雖然旅行後又回到了台北，但是她開始在心裡醞釀一些情緒，在心中種下了一顆小小的種子。

在那趟旅行中，她認識了兩位來自台南的朋友，於是她又做了一次台南的小旅行。「第一次到台南，我看到樹上結了黃色的花，在風裡頭搖擺，我在心中驚呼：這是哪一個國家？怎麼這麼漂亮！」她急忙去詢問這是什麼樹，然後知道它是阿勃勒，這也成為她愛上台南的原因。

於是她決定在台南找一個可以讓自己畫畫的工作室，希望回歸到一種真正的生活狀態。有一天下午，她來到長榮路這邊的巷子裡，在屋頂上看著隔壁街道的欖仁樹，她感到一陣風吹來，那時她覺得，就是這裡了！於是決定承租下來。

Q：翻新老宅所投資的費用和時間？

A：兩層大概24坪，花了半年時間，每個周末從台北下來整理，一個禮拜做一件事情，房東也有幫忙處理。硬體部分大概房東分擔20萬，自己負擔約近20萬。

（1）一樓有著大面積的開窗，是60年代宿舍建築常有的格局。
（2）以竹籬笆圍起的小巧院子裡，種的都是店主撿來的植物。

2

3

（3）二樓的工作坊一樣是以白色爲基調，回字造型的架子是原本牆上內鑲的置物空間。（4）琳瑯滿目的在地創作者作品，將白色的空間妝點得既活潑又具個性。

4

Q：回收老宅的注意事項，遇到困難時如何解決？

A：一樓地板本來是洗石子但裂開了無法復原，本來作Epoxy環氧樹脂地板但地氣太重又都裂開，下下策就是塑膠地板。二樓木頭地板白蟻嚴重，所以整個拆除，鋪上水泥。

剛剛好的舒適狀態

承租之後大約半年的時間，她每個週末都搭車下來台南整理房子。這一棟三層樓的透天宅，大概有四、五十年的歷史，最初是美軍所屬的美國學校眷村。一開始Zuvonne只是想把這裡規劃成自己可以畫畫和生活的地方，但整理的過程，她發現這裡應該被開放，與其他人分享，於是就這樣，這個空間慢慢地演化成一個包含了畫廊店面、無償工作坊的複合式空間。「分享這件事情現在在我的生命裡很重要。每個人都擁有許多潛能與展現的能力，透過分享啓發每個自我，體驗更多不同以往的過程。」

「很多人都忘記了感受力這件事情。」Zuvonne微笑地說著她和這棟房子的互動過程，很多人以爲學設計的她是用設計的角度在規畫空間，但她其實卻是用另一個角度去觀察事情，「不怕你笑，有時候我是透過直覺力與夢，去感受它想要告訴我的狀態。我會去感受它，這樣做會不會對你舒服？我是不是會造成你的傷害？你會知道它是開心或是有別種狀態。」這不只是一種比喻，像是奇幻電影「阿凡達」裡的主人翁一般，她讓自己與老房子做「連結」，只要與環境融爲一體，便可以感受到房子的感受。

像是一道牆的狀態，原本是封閉的空間，她「感覺到它必須要被打開」或是「這邊需要光」於是便將磚牆隔間打掉，最後讓空間形成一個剛剛好、很舒服的狀態。「我覺得存在在房子裡面的人事物，才是最重要的，所謂的改造，只要是讓環境是舒適的，都是一件很好的設計。過度的虛化就又會回到台北的狀態，我不願意變回那樣。老宅最終還是人在裡面的舒適度最重要，我覺得取決的是裡面生活的人的狀態。」

憑著直覺與感受力，以及一種接近無爲而治的心態，這個空間慢慢地自己成長起來。需要家具時，朋友就會把家裡不要的送過來，或是走在路上就可以撿得到。小院子裡還種有許多蘭花、孤挺花等也都是撿來的花花草草。「很多狀態好像是你需求，就會有提供。」在這棟房子裡幾乎沒有新的東西，都是她撿回來的「流浪的孩子」，「我不在乎新舊，而是它原本就存在；既然可以保留，就要把它保留下來。」

無為卻積極的人生

當初並不是想要開一家畫廊，也沒有特別要找老房子，更不是因爲大家都在做這件事情所以自己也跟著去做，而是單單純純地順著自己的感覺走。於是老房子自然地被發現，創作者也自然地被更多人認識，許多美好的事情與互動，也就這樣自然地產生。

目前白色小屋的一樓是展覽空間，Zuvonne發現很多創作者希望自己能被看見，因此提供這個空間，讓他們的作品在這邊展示寄賣。二樓則是每個月會舉辦一個無償工作坊，集結各樣專技的人，或許是手做、治療，或其他透過勞力去產生的事情，在這裡做分享。但她說，它仍持續在變化，而一切就順著自然走。

因爲一棵阿勃勒而決定來到台南，她也在小院子裡種了一棵阿勃勒，「我昨天才正擔心著院子的阿勃勒，最近的氣候太不正常了，今年春天還沒看到它的新芽。沒想到隔天，它就開一朵花給我看，我就安心了。」以心靈直接與花草、建築對話，自然地與城市、人們連結，Zuvonne看似無爲，卻是更積極地面對自己的生命。而一棟廢棄的老房子，也因爲與人的重新連結，再次提供人們溫暖，得以撫慰人心，重尋自我的價值。

5

（5）空心磚也廢物利用成了置物架。

Q：請問挑選了哪些物件作為店家風格塑造？

A：這棟房子我的第一印象是它充滿了光，亮得像是白光，所以我把空間全部漆成白的。但並沒有刻意去塑造什麼樣的風格，而是就撿來的家具，去做最適合的運用。

6

(6)被打掉的牆面保留著一部分牆面結構，成了一個像是屏風的存在。
(7)架上擺飾的工具與陶瓷作品。(8)廢棄的二手家具與門窗，結合成一幅美麗的空間風景。

7

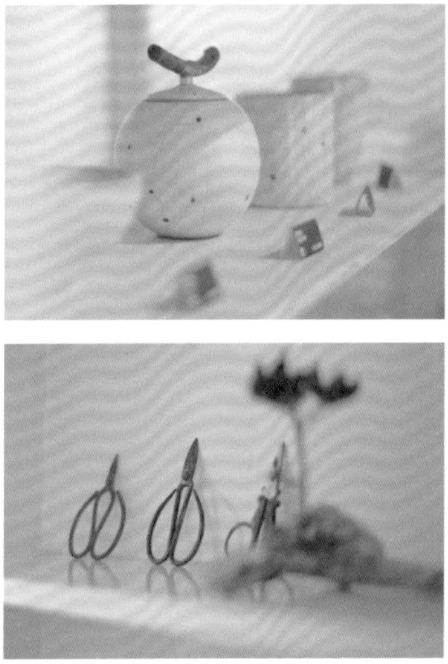

8

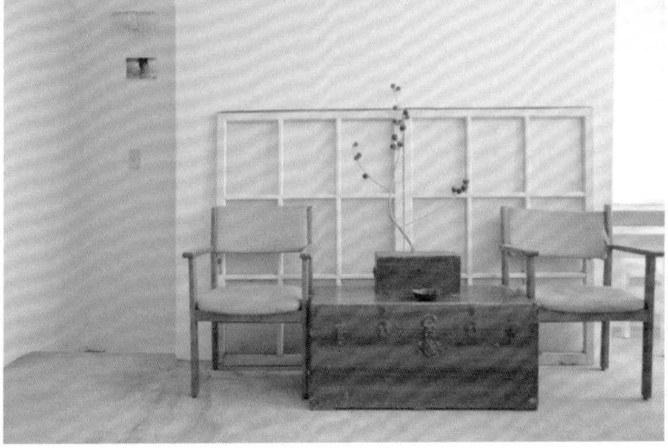

C 現代透天厝 Tsaochi Bookstore + Fiction Cafe 09

草祭二手書店

從一本書展開的一片人文風景

人在老房子的氛圍裡，
彼此分享好的氣味。

〔店主〕蔡漢忠

Tainan

屋齡 45 年

在先聖的庇蔭之下，台南孔廟旁的「草祭二手書店」，以精神食糧來滿足人們的求知慾望。有別於傳統舊書店的擁擠雜亂，老房子透過現代感的設計，大器中有著謙虛樸實的文人味道，在這個舒適的空間裡，容許你當個書蠹蟲在書海中慢慢啃蝕文字。 text：張素雯 photo：WE R THE CATCHER

〔草祭二手書店〕 ☞ 台南市南門路71號 ☎（06）221-6872 /（06）221-1655 ⏲ 週一至週日：12:00-21:00 ／週三休
Ⓦ blog.roodo.com/tsaochi_bookstore

1

——推開了厚重的木門，看到上面的小招牌刻的篆體字，才發現，原來「草祭」這個名字來自於店主蔡漢忠的姓氏。一進入草祭二手書店，先是淡淡的音樂聲，溫暖而明亮的光線，有別於一般常見的二手書店狹小擁擠、店內堆滿舊書的雜亂印象。舉目所見，大量的書櫃與書籍佔據整個視野，除此之外，是草綠色與白色搭配的牆面，感覺帶有書卷味的古典氣質，想來，除了是呼應「草祭」名稱，或許多少也對用眼過多的愛書人來說具有護眼功效吧！

目前蔡漢忠在台南擁有兩家二手書店，從二〇〇四年開始營業的草祭，在二〇〇八年搬進孔廟旁的這個位置。這家書店跳脫了原本二手書店的概念，蔡漢忠希望能將「自己的書房」這樣的概念，延伸至這家二手書店裡，「閱讀對我來講，強調的除了書的內容之外，我還需要一個不吵雜的、有淡淡音樂背景的、有舒適燈光角落的環境，這是我對於個人書房的想像，而這家書店可以說是把自己的書房分享出去的概念。」

雖然整修老房子的費用大過於新房子，但是對於他而言，在跟老房子接近的過程當中，身心感受到的舒服度總是大過於跟新房子的接觸，於是才寧願選擇在老房子中開店。「對我而言，老房子和我的磁場或是氣味是比較相近的，那是一種無形的氣味。在老房子裡可以讓你感覺到很舒服的狀態，這樣的輕鬆感是很莫名的、最直接的感覺。在這樣的互動過程當中，其實是可以造就出另外一種深度的。」

破開地面產生流動氣場

在一九六六年建造的書店所在是由三棟房子所組成，四十多歲的年齡也不算是特別老，原來是住商混合的印刷廠，後棟則是做

Q：翻新老宅所投資的費用和時間？

A：書店與咖啡店所在的三棟房子，總面積建坪有400多坪，目前使用上大約300坪。書店工程比較單純，大概花了3個月時間整修，硬體上大約花了180-200萬左右。咖啡店則因為屋況與使用需求，整整花了大約一年時間規畫施工，費用將近300萬。目前三、四樓閒置的空間還在陸續整理當中。

(1)咖啡店乍看卻也像個書店，櫥窗也是用舊書堆疊而成的設計。(2)有別於一般二手書店的擁擠，草祭有許多可以呼吸的留白空間。

2

3

（3）前後棟間的縫隙加上透明遮頂後，過道處成為一個花園般的休憩空間。

5

4

7

6

（4）一樓與地下樓間的樓梯因動線的規畫而封閉，卻也成為一個有趣的角落。（5）店主的印刷鉛字收藏，成為書店內的一個藝術裝置。（6）原來浴室砌成的貼磁磚浴缸，也成為一個另的書架。（7）一樓地面刻意裸露的結構，可以看到原始的雙層鋼筋。

Q：回收老宅的注意事項，遇到困難時如何解決？

A：房子不使用後，很多問題就不被關注，季節變化之下很多問題都會產生。我們從頂樓防水抓漏開始，水電也重新接管鋪線，花了很多時間從頂樓慢慢地做下來，盡量能把問題從根源處理，但是老屋狀況多，其實很難真正100%解決。

為員工宿舍與倉庫使用，但在蔡漢忠進駐之前已閒置了十幾年。二〇〇八年開始，他階段性地開始整修這三棟房子，其中前棟一樓右棟與後棟做為書店經營，兩年後一樓左棟與二樓則做為咖啡店「小說咖啡聚場」，目前三樓也正在規劃一處藝文展覽空間，近期即將開放。

老宅因為考慮到效益的問題、租約長短或是行業別與風格的不同，所選擇的修繕方式也會很不一樣。有些行業可以允許或甚至去突顯老屋的破舊，但是書店本身卻不容許這樣的保存情況，因為書籍本身最怕的就是潮濕，何況一般來說二手書的保存狀況也比較脆弱。在書店的種種需求之下，蔡漢忠在翻修中，比一般人必須花更多心力處理房子基本的漏水與水電管線問題。並且因為要讓進出書店的動線順暢，也串連了前後棟空間，因此原來浴室位置的部分成為一個過道，原來的磁磚浴缸也還保留著，成為一個小小的室內造景，兩棟樓之間的縫隙，也加了透明的屋頂，擺上植栽與圓桌、板凳，成為一個充滿戶外感的休憩處。

穿越這個室內小庭院之後就是後棟的主要賣場，第一眼就令人震撼的是，地面上兩個像是被炸開般的大窟窿赤裸裸地露出了地下室的空間，跨越兩層樓的巨型書架，佔據了整面高達六米二的大牆，一座孟宗竹製成的長梯跨據其上；另一邊的窟窿則是露出了一片雙層的鋼筋，透過交錯的金屬線條，可以窺見地下室的活動。

蔡漢忠最初將這裡設定成一個小劇場，因為它的採光並不是很好，傳統的倉庫總是比較潮濕陰暗，把見不得人的東西堆置在那裡。但是考量到氣場、空調、採光，最後決定把地下室「打開」。雖然這樣其實讓使用坪數變少了，以舊書店來說使用效益也變低，可以說是奢侈地浪費賣場空間，但這樣的空間留白卻讓書店有更立體、開闊的感覺，也讓人更願意在裡面逗留。

就在書店隔壁的咖啡店「小說咖啡聚場」，外觀一樣也是充滿書卷味，直接由舊書堆疊而成的大窗框，暗示了它與書店的關聯性。和書店風格較樸實的開放式空間有所不同，咖啡店設計呈現的細節更爲精緻化，木頭、書、紙張，是這邊的主要元素，幾面長窗自外頭引進綠色風景，伴隨著自然天光與音樂，構成這個空間的淡雅氛圍。

「我覺得要活化一個老宅，除了突顯建築空間各自的優點之外，還必須要把人帶進去，在人走動的過程當中，去彼此分享、感受到那種『好的氣味』，這種由人而產生的氣場，無形中從點、線到面，進而營造出一個立體的氛圍。而它也可以反過來吸引人、改變人，我覺得老房子的意義就在這裡。」

蔡漢忠說，逛書店不僅是把一本書買到而已，而是一個人從出發去書店開始的過程。雖然網路化可以很快得到想要的東西，但是卻讓人錯失了很多周邊的驚喜——可能是其他三本有趣的書，也可能是一片路上的美麗街景。「老房子應該是空間跟街道、城市有所連貫的可能性，而不是由單獨一個空間去突顯的。這樣的環境不是現代都市刻意規畫出來的。走在這樣的街道上，很自然地步伐就會緩了下來，可能因爲呼吸、因爲氣候、因爲風、因爲一棵樹，讓你的心情也緩慢下來。這些緩慢的細節，就形成了這樣的文化生態出來。」●

Q：請問挑選了哪些物件作為店家風格塑造？

A：大致上是以一些印刷相關的收藏點綴空間，像是版畫、地圖等小作品，還有打字機、印刷鉛字組等舊物收藏，讓空間增加活潑的趣味。家具和燈具部分，則比較是從實用性去考量，二手的板凳、老沙發和新產品混合使用。

8

（8）咖啡店的空間，暗示性地保留了一些老建築的痕跡。
（9）在草祭的店面中，書不僅是商品，也是空間中最重要的裝飾物件。

9

C 現代透天厝　Wire House　10

Wire 破屋

斑駁鏽蝕包圍著的溫暖眞性情

我把工作、生活
都融入在老房子裡面。
這就是我的生活。

〔店主〕林文濱

Tainan

屋齡 77 年

破屋，房如其名，殘破的空間外表，頹廢中卻很有個性。這樣的空間個性，眞實、原始而不媚俗造作，也反映了店主林文濱的率眞個性。在多年的收藏基礎下，他以舊物收藏品構成空間的獨特氛圍，老房子與老東西的完美結合，讓老空間營造出突出的前衛個性。text：張素雯　photo：WE R THE CATCHER

〔Wire破屋〕 ☞ 台南市民生路一段132巷5號（裕成水果店旁巷內） ☎（06）228-7219 ⏲ 週一至週五：18:00-2:00／週六至週日：12:00-02:00（週二休） Wire破屋

1

——隨著漸漸轉暗的天色，傍晚時刻來到了位在窄巷中的這家店「破屋」，穿過紅色地磚掀起一半的小前院，眼前一面帶著鐵柵的門扇，勾起許多記憶中曾有的印象。昏暗的店內，微弱的天光透過鐵門窗竄進來，店員正在準備開店的清潔工作，牛頭犬Hinoki則守在通往二樓的室內樓梯上，顯得有點焦慮，直到牽著自行車的林文濱進了店門，看到了主人的狗才終於按耐不住吠了起來。

及肩長髮、鍛鍊過的身段與緊身T恤，一眼就可以看出這個店主是個「Rocker」，三十一歲的林文濱，不僅玩音樂，也是一個重度上癮的舊物收集狂，二十三歲就開始的舊物收藏，光是沙發就累積有二百五十張左右，其他的雜物則是數不清，或，不敢數清。因此，爲了容納這些舊物，也希望可以分享這些收藏，他在二十五歲開了第一家餐廳「Kinks老房子」，將光復初期的磚造院落與華麗迷幻的酒吧結合，二○○九年他又開了這家「Wire破屋」，一樣是以老房子搭配舊物，讓透天樓房與鐵窗古董結合成一家美式餐飲酒吧，除此之外，他還擁有一家民宿「鐵花窗」，也是以老房子改造成普普風格的復古民居。「就是喜歡，所以自己黑白搞。」一樣的模式打造三家店，卻呈現出完全不同的趣味與風格。

鐵窗的頹廢拼貼

據說破屋這個房子原本是一家印刷廠，但也已廢棄了三十年之久，前屋主在一九六○年代做過一次翻修，因此大致上維持著五十年前的風格，房子格局方正，不管是規劃動線或是物品陳設、播放電影，都方便利用。

林文濱在進行翻修時，大致上維持了原來的結構，但是從一進門開始，卻可以發現有許多的鐵窗架拼湊包圍著空間四處。這些

Q：翻新老宅所投資的費用和時間？

A：地坪24.5坪的兩層樓空間，花了兩個多月的時間翻修。因為幾乎都是自己打造，沒有用到一塊木頭。木工主要是固定舊物，花了不到1萬元，水電花費得較多，大約5萬多。這裡每一根釘子都是自己親手鑽的，也因此省了一大筆工錢。但是家具都是經年累月的蒐集，費用已經不可考。

(1) 破屋店內的空間被店主琳瑯滿目的家具、舊物收藏所充滿。(2) 金鋼磚、鐵窗與鐵欄杆，台灣味十足的建材卻有著前衛感的新詮釋。

2

3

（3）吧檯也是用廢棄的窗戶架成。（4）醫療　舊物讓空間中有種詭異的氣氛。（5）斑駁的牆面或是用鐵窗阻隔，或是直接裸露出磚造結構。

5

4

Q：回收老宅的注意事項，遇到困難時如何解決？

A：因為房屋老舊所以壁面會有剝落、粉塵的狀況，因此用鐵窗覆蓋，讓客人不至於因此弄髒自己。這裡的裝修素材都是二手的舊物，比較大的工程就是把他們拼裝固定起來。

他特別蒐集的鐵窗與金屬構件，是這家店的基本構成元素，也爲了呼應「Wire」的店名。斑駁鏽蝕的金屬和褪色剝落的油漆，有種他鍾愛的頹廢感，融進在這裡的空間氣氛中，「鐵窗和門扇的搭配，讓空間中有種滄桑的感覺。但同時，這些物件又會讓人感到有種親切感，畢竟這些都是取自生活中的用品。」

但是其實這樣的設計還有一個現實面的簡單原因，就是因爲壁面已經老舊而有一些剝落的粉塵，不能讓客人碰到，但又希望能保持原來的樣子，所以他就用鐵窗隔著，可以讓人看到原本房屋斑駁的狀況，卻又不至於弄髒自己。即使有一些客人對於這樣的美感不予認同，說這樣的畫面會影響食慾，但是他卻仍堅持這樣的想法，「這本來就是老房子最眞實的一面，我不想刻意地掩飾什麼，我喜歡原始、粗糙的感覺。與其說是『翻新』，我會比較喜歡去『翻舊』，去把它原本的樣子呈現過來，而不是矯情地去做裝飾。」

被舊物包圍的溫暖感受

從一進「破屋」店門開始，來訪者便會發現自己被琳瑯滿目的舊物包圍，從舊家具、燈飾、玻璃、海報、家電、黑膠唱盤、公仔，到一些你說不出名字卻會讓你驚呼的各式小物，林文濱說，他就是喜歡被舊物圍繞著，「就是喜歡那種老味道的氛圍。」這也變成破屋的最大特色，被這麼多物品包圍下，客人們其實都會有種溫暖的感覺。

在改造中他很快地就有了想法，然後從自己現有的收藏裡去抓取適合的元素，加以拼湊組裝，看似以隨意的組合，其實都是經過事先仔細規劃丈量，畫了設計圖後才去施工的，「主要是我的收藏眞的夠多，不然有想法也不見得就弄得出來！」雖然店裡塞滿了很多收藏物品，但林文濱在陳設時都是用心去規劃，因此並不會顯得凌亂無章，「我喜歡製造一些視覺上的刺激，東西很多會感覺很豐富，看不完的感覺。」但是一樣是拼湊現成物，卻不見得每個人都可以將它們拼組成有美感的樣子，「或許要靠一點天分吧，但我覺得有沒有用心才是最重要的，而且你還要對於老東西有一種執著，如果你對它們沒有感情，弄出來的東西自然也沒有什麼感覺。」

另外，這個店裡也有許多醫療用品的收藏，像是各樣的人體器官模型，喜歡恐怖漫畫家伊藤潤二的林文濱說，「恐怖收藏」也是他的興趣之一，也因此讓這家店有一種淡淡的詭譎與黑色的氣味。

Rocker的堅持信念

開店前玩過樂團，也曾經在誠品音樂館工作很長一段時間，因此在破屋裡面的音樂也是林文濱精選的，從老搖滾、另類、重金屬到爵士、極限、環境音樂，多元的音樂範疇卻有著店主自己的風格與主張，他說，不好的音樂會讓人吃不下飯。

熱血的Rocker，表達方式也很率直而眞誠，「老房子對我的意義喔？就是我要住老房子！死都要住老房子，從一而終！」問他住老房子舒服嗎？他的回答也很妙：「不舒服也要舒服，因爲我喜歡！」雖然老房子在硬體上絕對沒有現代產品舒適，但他覺得重要的是被喜愛的東西圍繞的生活氛圍；看來似乎不實際，但他就是忠誠地對待自己的信念與感受，爲了這樣的理念也不怕吃苦。

「很多人會把老東西當成一種流行，但是我討厭這樣的想法，如果眞的喜歡就應該要堅持下去。」他說這跟聽搖滾樂是一樣的道理，如果你只是盲從於現在流行的音樂，你不會明白自己眞正喜歡的是什麼，「至少我是眞的很喜歡才去做，不是因爲要賺錢，我把工作、生活都融入在這裡面。這就是我的生活。」

Q：請問挑選了哪些物件作為店家風格塑造？

A：破屋為了呼應「Wire」的店名，所以是以鐵窗做為主要元素。另外，一樓是以閱讀空間為概念，有大量的書和書櫃，二樓則是電影的放映空間，主要是恐怖片，所以用一些醫療用具來陳設。

6

7

（6）二樓的牆面則是以加有鐵窗的門扇裝飾拼貼而成。
（7）生鏽的金屬、廢棄家具與破牆，透過店主的創意，反而有它獨具風格的美感產生。

D 聚落式住宅 Tadpole Point 11

尖蚪探索食堂

在世外桃源感受家一般的溫馨氣氛

老宅就是家，
在這個空間裡，
你能將過去與現在連結。

〔店主〕小嬉

〔店主〕阿發

Taipei 屋齡 40 年

位於寶藏巖國際藝術村內的尖蚪探索食堂，將老宅的空間作了最完美的配置，保留原本的格局結構，唯將後院改建成電影投影間。以舊物擺設，運用再生利用的概念，搭配上屋主個人的藝術美學，讓這裡，從老屋變成了食堂兼當代藝文空間。text：李昭融　photo：WE R THE CATCHER

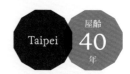

〔尖蚪探索食堂〕 ☞ 台北市汀州路三段230巷57號（寶藏巖國際藝術村內） ☎（02）2369-2050 ⏲ 週二至週五：14:00-22:00 ／週六至週日：11:00-21:00 ／週一休 🅆 tadpole-point.blogspot.com

1

——綿綿細雨的午後，從公館捷運站步行約十分鐘，恍如走進了另一個時空——這是位於汀州路三段的寶藏巖，這塊被政府規劃爲國際藝術村的地方，無疑是鬧區中的小小樂土，靜謐悠閒的氣氛，能暫見城市的嘈雜而不受干擾，空間中還夾雜著駐村藝術家的作品隨風飄揚。在這塊混雜現代與過去，藝術與原生的土地上，鑽過蜿蜒的巷弄和綿延的緩坡，就會看見尖蚪低調的白色燈箱招牌，這裡，就是阿發與小嬉口中所謂的家。

經營尖蚪的阿發和小嬉姐妹斯文秀氣，與尖蚪呈現出的文藝氣氛不謀而合，雖然二〇一〇年十月才正式開幕，但她們與這塊土地的緣分得回溯至四、五年前，「那時候我跟妹妹在附近的創意市集擺攤，我設計攝影的筆記本，妹妹販售碎布作成的小物件，都是玩票性質，沒想到卻因爲這樣遇見了寶藏巖，那時候這裡才剛籌備，但我們一眼就迷上了這個離市區很近的世外桃源。」阿發悠悠地說著。

故事就這麼開始了，和所有浪漫的愛情故事一樣，她們對這棟老屋一見鍾情，原本只想駐村申請工作室，但在寶藏巖的規劃中，這棟屋子一定得作營利事業，兩人交戰了一番，卻因太喜歡這裡，決定硬著頭皮試試看。「我原來的計畫是當個民宿老闆娘，卻遇見了這棟讓我難以割捨的老屋。它不但格局很可愛，每個隔間都小小的，最特別的是後院有一棵百年榕樹，從窗戶望過去，榕樹盤結的樹幹跟藝術品一樣，你會感覺它在呼吸，是有生命的。」

以創意克服預算

寶藏巖的房屋因爲其特殊性，皆爲不能更改的格局，阿發和小嬉爲了通過申請，緊鑼密鼓地在不到兩個月的時間，把一切就

Q：翻新老宅所投資的時間？

A：只花了一個多月的時間。

（1）尖蚪閣樓上的空間有著濃濃的復古味，咖啡色皮革沙發和橘色檯燈所營造的氣氛，讓時間彷彿就此停止。而連接一、二樓的樓梯以紅磚鋪成，雖然窄窄的，卻有著獨到風情。（2）尖蚪不定期推出季節性餐點是許多熟客的最愛。

2

3

(3) 二樓的塌塌米區雖分為兩張桌子，但因為距離很近，常常讓兩組原本不認識的客人自然地聊了起來。(4) 吉他、盆栽和藤編小物，配上溫暖的光線讓室內生氣勃勃。

4

Q：回收老宅的注意事項，遇到困難時如何解決？

A：動線、格局和結構要保持原本的狀態，要不然這樣就會失去翻新老宅的意義，而變成改造。

緒。從胚屋到現在看到的樣子，都是自己摸索和請教別人而來，從零到有說來簡單，但誰也知道沒有太多資金預算時，有多麼辛苦。好在屋況頗佳的老宅，除了接管線等重要工程，和容易漏水的小問題外，不太需要兩人操心。這裡的桌面都是手工磨成的木板，放杯子的層架也是手工製作，充滿手作感的物品不僅帶出了老宅原生的風情，也是預算內的打點，而將老房子的門板當作層架，或是自行製作的書櫃，皆貫徹了再生的概念。尖蚪的燈具更是獨具風格，每一個皆有故事，可能是從跳蚤市場挖來的寶物，或是出國旅行時的紀念品，在老屋的嫻靜氛圍裡，垂吊的燈飾透過光源溫熱，似乎也在訴說一段段故事。

讀平面設計與建築的兩姊妹，將美學妥善運用至此空間，「這裡的東西都有點溫馨的家庭味道，也不是特別以懷舊爲主，只是我跟妹妹本來就有蒐集舊貨的習慣，所以很自然地變成現在這樣。」打字機、底片相機、老風琴、舊式的收音機、4D立體解剖的青蛙……，舊貨點綴了空間，也讓老宅變得更迷人。

充滿人味的歷史空間

在重新裝潢的過程中，阿發與小嬉刻意維持原本屋樑結構，完整保留聚落的特殊房屋紋理，原汁原味呈現出老宅被時光淬鍊的美麗。主要的長方空間裡，桌椅設的並不多，爲的是讓客人擁有不被打擾的私人片刻。

前身爲後院的空間格局方正，是改變最多之處，兩姊妹將天花板搭上大片玻璃和木頭窗櫺，半露天的設計讓自然光線透進老宅的每一個角落，而四面的白牆，正巧適合投影，喜歡看電影的阿發，便於每個禮拜三、四在此播映電影，「其實是我私心希望能一邊作菜一邊看電影。」阿發充滿玩心的說著，而她選的片子皆爲主題式，像畫家、音樂或型、風格導演的系列作品，專業程度甚至能媲美小型藝術影展。

沿著些許斑駁的磚紅樓梯往上走，則是專屬於老宅二樓的另一方風景，保有完美焦糖色澤的復古沙發與七〇年代編織抱枕映入眼簾，襯著橘色檯燈的幽幽光暈，時光彷彿停止 臾。而另一側的塌塌米則是小嬉最喜愛的空間，「這個地方很神奇，可以拉近人與人的距離，常有兩組客人到最後聊在一塊。老舊房屋最有趣的地方就在於，它永遠會在意想不到的地方給你驚喜。」

不難發現尖蚪獨特的氣氛，讓這裡的營利氣息幾乎消失，而這也是阿發與小嬉的原意，「我們喜愛這個空間，想讓它被更多人知道，卻也不想讓這裡變得太過商業。」

不妥協的堅持

雖然兩人從沒打算作食堂女主人，但尖蚪的食物和飲料也廣受好評，父親爲廚師的阿發對家常料理總有獨具一格的巧思，輪番交替的「男子漢定食」和「探索定食」……等季節性餐點，來了才知道今天的驚喜是什麼，食材全爲新鮮選用，連老薑都是父親在嘉義自栽寄上。最後也別忘了招牌胡麻豆腐和小嬉的蔓越莓檸檬冰沙，兩人擅其所長，實爲一絕。「剛開幕的時候很慘，食材的量抓不準，人手不足，常常兩個人收到凌晨三點才結束。還好現在有很多客人會幫我們，感覺眞的很像是自己的家。」

除了與志同道合的客人互動，對兩人而言，最珍貴的體驗還是與老屋和這塊土地的共生，「去年忙著開幕時，根本沒辦法回家，只好睡在這裡，雖然什麼家具也沒有，但卻特別安心，早晨起來看到的是記憶所及最美的日出，更覺得這個決定是做對了。」

尖蚪不只是一間食堂，它不僅和客人作了連結，更與這裡的居民產生關係，「我們將會在今年夏天，替住在這裡的小朋友辦一個展覽。」小嬉笑著對我說，眼神中有著憧憬。看著忙進忙出的兩位女主人開心的樣子，原意爲受到壓力而尖叫的蝌蚪，相信此時定能淡然處之。

Q：請問挑選了哪些物件作為店家風格塑造？

A：我們以家的概念為出發點，以讓人安心的溫馨風格為主。我們喜歡有點年代感的生活物件和家具，有些是手作的，有些是從收二手家具的店購買的，也有一些是網路買來的，因為我們本來就有收集雜貨的習慣，所以也拿出許多自己的收藏。

5

6

（5）負責製作飲料的小嬉和掌廚的阿發，在各自的空間內揮灑創意，發揮所長。
（6）店內的裝潢大多都是兩姐妹原本就有收藏的物品：設計雜誌、4D透視青蛙、黑膠唱盤⋯⋯。

D 聚落式住宅 Goodcho's 12

好，丘

凝聚新與舊的台灣原創力

老房子的記憶雖是邊陲的，
卻也同時是留給下一代的
最美好回憶。

〔企劃〕小小

〔總監〕大Q

Taipei
屋齡 63 年

沒有一家餐廳能像好丘一樣，在開幕短短半年內，迅速成爲跨越族群年齡的熱門去處。三張犁的四四南村，已然成爲台北人新的世外桃源，在繁華的信義商圈，這片格格不入的老眷村幽幽地停滯此地，它彷彿以一種微妙的力量將時光定格，並帶領我們走向懷古又摩登的當代風景。text：李昭融　photo：WE R THE CATCHER

〔好，丘〕 ☞ 台北市信義區松勤街54號（信義公民會館C館） ☎（02）2758-2609 🕒 週一至週五：10:00-20:00／週六至週日：09:00-18:30／每月第一個週一休 Ⓦ www.streetvoice.com/goodchos

1

——在象徵極度現代化的台北一〇一旁邊，坐落著一塊低矮的平房區域，看似突兀的景象卻總是凝聚許多人潮，這裡是四四南村，是民國三十七年國民政府遷台建立的第一座眷村，如今，六十三個年頭過去，這裡因爲好丘的進駐，正式將老靈魂換上新生命。

由創辦Simple Life簡單生活節的中子文化主導好丘，音樂人張培仁以「作喜歡的事，讓喜歡的事有價值」爲出發點，成功讓音樂與生活結合，更令低迷的唱片產業嗅出現場表演的前景。事實上，兩年一度、爲期兩天的簡單生活節帶來的不僅是一場音樂的饗宴，更宛如一股清流，默默在華山藝文特區匯集擁有同樣理念的年輕群眾與商家，不只有來自國內外的音樂人現場表演，更於華山的草坪籌劃Simple Market簡單市集，讓在地默默耕耘的小人物，有更多機會被大眾看見。

簡單生活的縮影

位於四四南村的好丘就宛如濃縮版的簡單生活節，走向那保留著濃厚眷村風情的水泥牆後，舉目所及就是一條放滿各式台灣在地商品的長廊，在佔地約一百五十坪的空間裡，除了招牌的Bagel和茶　咖啡外，從食品、生活製品、獨立出版到服裝設計應有盡有，而這也是好丘名稱的源起——Goodcho's（諧音Good Choice），好選擇。

「兩年一度的簡單生活節的確讓我們做出口碑，但畢竟籌備活動需要時間準備，當大家愈來愈認同我們在作的事情時，好丘就這樣誕生了。」中子文化品牌發展部總監大Q如是說。於是，原先兩年一度的簡單生活節，就這樣幻化出了新生命，以全新的多變風貌與大眾每日相見。

Q：翻新老宅所投資的時間？

A：三個月左右。

（1）好丘開放式的寬敞明亮廚房，讓客人吃到美味與安心。
（2）無論是年輕人或一家人，都能在好丘舒適的環境與輕鬆的氣氛下找到一席之處。

2

（3）大Q從台灣各處收集而來的家具各個都有故事，而這些原本將被丟棄的物品，也在好丘展開新生命。（4）好丘邀請藝術家大荷創作的童趣繪畫是小朋友們的最愛。

3

4

Q：回收老宅的注意事項，遇到困難時如何解決？

A：最麻煩的一定是管線問題，以好丘的情況來說，我們是請專門的管線公司將原本的拆掉重拉，老房子或多或少都有這樣的問題，但如果能在一開始翻新時注意管線，那麼之後漏水的情況就會改善許多。

從廚房開始

因爲是有著六十年歷史的老房子，好丘和一般老宅一樣，得先進行管線翻新，房子本身結構方正，因此並沒有做大幅度的變動，而前有廣場，佔地約一百五十坪的主設計，則由禾方設計主導，以在地文化的凝聚感爲主旨，在經過數次討論後，好丘決定以「灶腳」爲設計理念，也就是台語的廚房。事實上，中子文化找上禾方設計並非湊巧，早在規劃好丘前，大Q就時常至台灣各處老宅探訪，其中，台中呼嚕咖啡簡單的設計氣息特別讓他印象深刻，於是，就這麼開啓了往後的合作。

「廚房是台灣人生活中很重要的一環，畢竟民以食爲天，從前的人吃飯、生活都在廚房，但這塊空間卻總予人潮溼、陰暗、髒亂之感，爲了扭轉這樣的印象，讓現代人重回傳統生活的核心，才想以廚房爲主。」於是，好丘裡頭最吸引人的景色就這樣誕生了，在商品和用餐區間的開放式廚房與透明的玻璃毛花老窗戶，不僅將灶腳的精神以當代的方式呈現，更強調了絕對安心的衛生品質。

老東西新生命

配合著挑高寬敞的空間，這裡的裝潢簡單溫馨，並沒有使用昂貴或爲設計而設計的物件，而是盡量以自然和再利用的材料，打造出質樸溫馨的味道，「其實只要氣氛對就行了，不需要華麗的裝潢也能打動人心。」大Q如是說。事實上，空間裡的木頭桌椅，鐵製台架和長條木凳各個都有故事，大Q走遍全省只爲找到最合拍的家具，於是你會看見玩美文創拆解大同電鍋所做成的創意燈具，或是鏽棄鐵窗成了後現代感的書架……，種種創意皆在好丘激盪出更多新鮮想像，「我想做出家的感覺，或許還有點中西合併的概念，每個物件都有其設計語言，端看你怎麼呈現。我們希望讓客人感到放鬆，所以我們服務人員也刻意不穿制服，這裡，就像你回到家一樣。」

好丘讓人迷戀的不只是氣氛，好滋味的Bagel更是來這裡的最好理由，雖由老眷村改建，但好丘賣的可不是水餃和窩窩頭，他們與知名麵包店Le Goût合作，採用Bagel這種簡單又容易發揮的西方麵食，來表現台灣食材的特色，從櫻花蝦、芒果、土鳳梨、三星蔥、南瓜、黑豆到蜂蜜，全都是Made in Taiwan，手工揉捏的Bagel有著紮實的口感，吃完後麥香在嘴中久久不散，但如果想吃的話可得趁早，通常過了中午Bagel就會全數售盡。在飲料上，除了香醇的咖啡，在地的傳統茶更是大Q最推薦的品項，吃完後，到長廊看看在地的優質商品，更能讓你滿載而歸。

從好丘的窗外望去，即可看見信義區川流不息的車潮，大Q說：「信義路好比一條分水嶺，路的那頭是國際精品齊聚的百貨商家，只要跨越那條馬路，走進好丘，彷彿就到了另一個時空。」而這樣的空間，也給了台北人一個最愜意的理由享受美食、好茶和在地商品，店內不定期的展覽和攤位，更讓生活充滿藝文感動。或許正如大Q所言，老房子就像爸媽，爲我們遮風避雨，即便眷村已成了過去式，但好丘以融合在地生活的方式，替老宅找回了最完美的新生命。

Q：請問挑選了哪些物件作為店家風格塑造？

A：以家為概念，沒有花大筆的金錢創造奢華的裝潢，所以從北中南各地花時間慢慢蒐集想要的物件，大多都是二手的，風格不拘，畢竟一個家裡面一定會有一些中西合併的元素，所以沒有特定著眼在某個時期或是某個風格的家具。

5

6

（5）許多客人也會將二手書帶來好丘，分享給更多的人。
（6）與Le Goût合作的手作Bagel是店內最熱門的商品，結合在地食材的新奇口味是最佳賣點。

E 住商混合市場形態 Zspace 13

Z書房

藝術的感染力蔓延在廢棄市場中

把環境帶給你的東西，
再整合、再創造
一個空間出來。

〔店主〕小雨

Taichung

屋齡 42 年

一棟市場裡的透天厝，被藝術家親手翻修成爲一個充滿個性的藝文空間，與市場廢棄雜亂的原始環境，形成一個耐人尋味的特殊氛圍。藝術的概念，在此成爲一個空間改造的精神，而在這個社區中，這些空間的改造行動，也化身成爲一種藝術的社會實踐。text：張素雯　photo：WE R THE CATCHER

〔Z書房〕 ☞ 台中市五權西路一段71巷3弄2號 ☎ 0952-585-162 🕒 週四至週日：17:00-21:00 f Z書房

1

——美術館前五權西路的綠園道，是台中市最具人文氣質的一個區域，在街道中間分隔島濃密的綠蔭之下，各色風雅的餐飲店、咖啡座、畫廊林立，布爾喬亞式的精緻生活，在這裡充分體現。

但就在街上的咖啡店與藝術空間之間，一條暗暗的小巷道，卻　時引領你進入另一個跳脫的時空：巷道內堆放的鞋櫃、冰箱與雜物，隨意停放的破舊腳踏車與摩托車，踩著拖鞋奔跑嬉戲的小孩子，以及在家門口的戶外廚房揮著鍋鏟的老婦……，一個彷彿半世紀前才存在的大雜院裡，有著另一番雞犬相聞的生活風景。

這裡不是孟買的貧民窟，而是一個有四十年歷史的傳統市場，民國五十八年建立的「忠信市場」，並非是自行聚集而成的臨時性街頭市場，也和一般現今的公有市場不同，在三層樓高的浪板頂棚之下，一條回字形的巷子，串聯著一戶戶市場攤位形成的街屋建築，一樓是店面攤位，二樓以上則是住家，是少見的住商混和的市場建築。因爲是市場的規格，所以每戶的樓層面積都不大，幾十年下來，居民使用的空間需求與習慣改變，狹小的室內空間不敷使用，許多的雜物便被堆置在巷道內，其實多少讓人感覺擁擠雜亂。

但就在市場入口處，一棟外觀漆成白色的房屋，又和這裡頭的市場風景脫離了；一個鐵焊的英文字母「Z」高掛在同樣是由鐵焊成的門邊，與大門對應的一大面落地窗，一樣還是由鐵焊成的邊框。名爲「Z書房」的這家非營利性藝術空間，以空間的形式成爲藝術家小雨與邱大哥在此就地創作的作品。

理想藝文空間的實現

這兩位年紀加起來上百的個性熟男，藝文圈的人都不陌生，人稱邱大哥的邱勤榮是

Q：翻新老宅所投資的費用和時間？

A：四層共32坪，大約花了一個月時間翻修，除了基礎工程之外，其他都是自己處理，花費大概70多萬，不含家具。

（1）破敗的市場中，白色外觀的Z書房顯得十分醒目。
（2）台灣常見的鐵窗，加上了一點巧思，就成了一個美麗的角落。

2

（3）突出於市場頂棚的四樓，窗外是一片屋頂的都市風景。（4）在畫廊空間極簡的需求下，細節上卻仍可以看出個性。

4

3

（5）做為一個交誼空間的頂樓，大大敞開的鐵框窗戶也是藝術家親手打造而成。

5

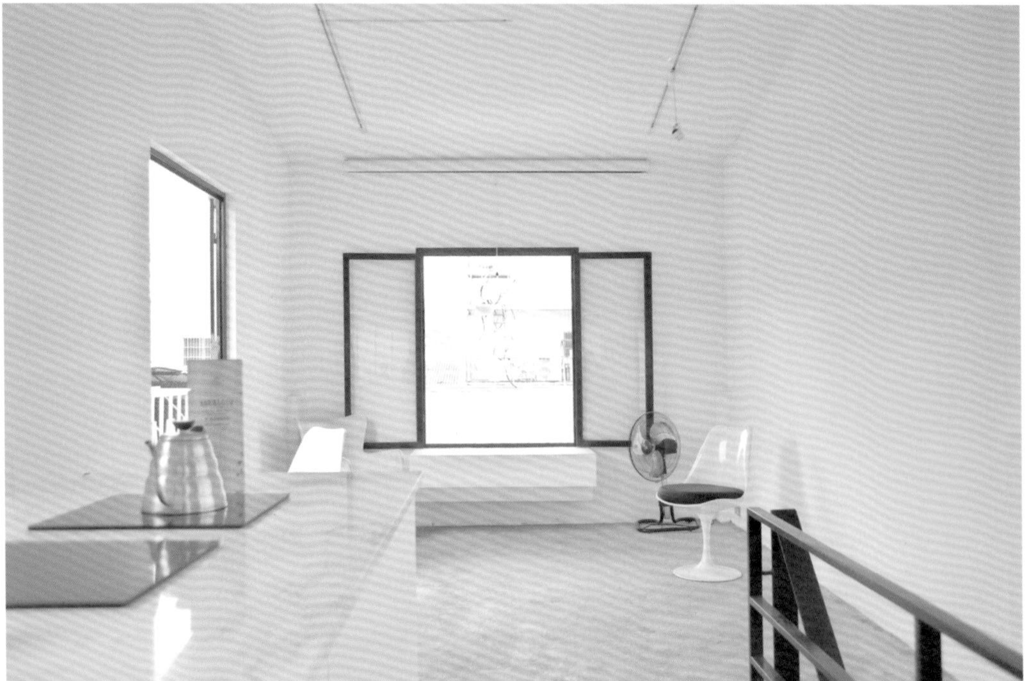

Q：回收老宅的注意事項，遇到困難時如何解決？

A：結構上有因為動向、光線調整一下比例，因為有敲掉一些部分，所以也需要重新作結構，才會堅固，而且針對設計需求，管線也都重新鋪過。

台中畫廊「107」的負責人，而本名蔡志賢的小雨除了是一位鋼雕藝術家之外，也是服裝品牌「小雨的兒子」的負責人兼設計師。這兩個志氣相投的超級麻吉，不但總是有好點子，也有著滿滿的熱情與行動力，而他們倆的默契，不但讓忠信市場充滿藝文氣息，「Z書房」更是兩人對於理想藝文空間的實現。

當初小雨與邱大哥找到這個市場社區，因爲租金低廉也有不少空屋，在他們號召下，幾個各具特色的小店陸續進駐，包括櫥窗藝術空間「黑白切」、性別書店「自己的房間」、電影工作室「小路映畫」、堅持使用底片相機的「CameZa寫眞事務所」，以及販賣二手雜物的「忠信民藝」，這幾個藝文店家的聚集，開始吸引了一些對於藝術、文創有興趣的民眾來此探訪，也讓這個神祕而奇妙的市場社區漸漸地受到注意。

「之所以來翻修這個地方，不是爲了別人，我們是爲了自己。」小雨說，Z書房的誕生，其實是他和邱大哥想要打造一個可以和好友一起喝酒、聊天的所在，所謂的書房，就像是古代竹林七賢聚在一起清談的地方一樣，「當初想說把它當成一個老人院，像是最後一站，就是字母的最後一個『Z』。」於是邱大哥花腦筋，小雨動手做，兩個人想法很契合，不需要討論，在充分的信任和默契下，創意互相激盪，「只要聊幾句就解決。」Z書房完成之後，後來兩人改變心意，決定將這個原本只想私藏的空間分享給更多人，於是成立了一個藝術展覽空間。

老房屋的新姿態

身爲藝術家，小雨在設計Z書房的時候，其實還是以藝術家的角度在設計空間，但實用和創作其實是差很遠的，「我只能在這邊去找到一個平衡點。」雖然說小雨的空間設計和藝術是同一個軌道在走，但這邊設計的主軸還是跟環境的感受有關，「說環境雖然是抽象的，但它的確是一個很重要的思考條件，也就是把環境帶給你的東西，再整合、再創造一個空間出來。」

這棟透天厝是兩戶打通而成，加蓋到四樓的部分穿越市場的頂棚而上，樓上的風景就像是登上雨林的樹梢頂端一般，腳下踩著一片由鐵皮、浪板構成的樹海。因爲動線、光線的需要，小雨大幅度地重新調整房屋的結構比例，像是一樓和三樓有一些橫向長條形開窗，二樓洗手間則是一個令人驚豔的設計：「鑽進」寬度被縮減成一半的窄門後，中島式的洗手台與馬桶在空間正中，旁邊則有書架、沙發、小螢幕，看來就是一個輕鬆解放的舒適空間。

因爲是畫廊空間，所以整體設計來說還是以極簡爲主，保留大部分的牆面做爲藝術作品展示之用。但是因爲最初本來預設是聊天、喝酒、活動的地方，有較多生活化的機能，所以和一般正規畫廊的空間相比，還是比較瑣碎一些，其實不容易佈展，「但是你還是要有姿態啊，沒有姿態的話會軟趴趴的。」

而其他像是鐵花窗也好，舊家具也好，這些材料可能來自四面八方，不見得所有的東西都是小雨所做，但在這個空間裡，卻都和諧地存在著，都像是小雨的作品。「反正不管是什麼東西，你都要把它吸納進你的風格裡，你可能以爲這是我做的，但其實並不一定。這就是主軸對不對的問題。」

「到底要不要說它是一件作品，我也說不上來。但是你要我去做出個一般商品，我確實是做不來。」小雨說。

藝術的能量傳遞

因爲藝術的進駐，讓忠信市場重新得以被發現、被認識，但小雨他們其實從來沒有社區改造的目的，「因爲本來就不可能改造，這個社會的文化層次本來就是各取所需。我們並沒有要改變居民的心態，甚至，能被他們接納我們已經很感激了！」

畢竟，要讓一般人去理解藝術是比較難的，但是在淺移默化之中，一些不容易看到的感染確實是有的，其中小孩是最自然融入在這些空間與藝文活動，而居民也從好奇觀望到讓自己的小孩參與活動，一切在非刻意之中緩慢進行，而誰又知道或許這些小小的種子將在未來爆發出什麼樣的能量？

Q：請問挑選了哪些物件作為店家風格塑造？

A：Z書房裡除了一部分家具，是一半時間居住在紐約的邱大哥在美國收集來的二手設計家具，其他的則是當小雨找不到喜歡的家具或是燈具時，隨手利用身邊素材的創作，雖然是生活的東西，但是還是要有一定的藝術性，尤其比例要抓住，避免用現成工業家具破壞整體調性。

6

8

（6）二樓廁所其實也是一個書房，極窄的通道像是惡作劇一般讓人得以側身進入。（7）藝術活動直接介入社區，最熱中參與的是小居民。（8）由藝術系學生義務參與的公廁改造。

7

E 住商混合市場形態 The Old House Inn 14

謝宅西市場

復刻記憶裡的懷念時光

老宅是陪我們一起長大的過程。留下這個房子，隨時可以找回美好的記憶。

〔店主〕謝小五

Tainan

屋齡 50 年

在迂迴的市場中，一道八十五度的樓梯，通往一個充滿溫暖記憶的原鄉。曾是一家子居住的這棟房子，在謝小五的號召下，邀請年輕建築師與老匠師齊力參與翻修，利用回收材料與傳統工法，賦予老房子新的設計比例，重新打造一個也能吸引年輕人的日租民居。 text：張素雯　photo：WE R THE CATCHER

〔謝宅西市場〕 ☞ 台南市西門市場1號 ☎ 0922-852280 🕒 After 15:00 Check-in ／ Before 12:00 Check-out
W http://oldhouseinn2008.pixnet.net/blog

1

——台南人稱之爲「大菜市」的西市場，從日治時代開始便以販賣各種新鮮貨品、舶來品、雜貨、布料而成爲舊時台南最大的零售中心。戰後隨著民眾消費習慣改變與商業中心的轉移，西市場逐漸沒落成爲區域性的市場，當中唯有布市仍持續活絡，吸引了許多服裝科系的學生與手工藝愛好者在此流連。

市場大棚子下，一間間緊密相鄰的布行串聯成如同迷宮般的市場街道，住商混合的街屋型態如同日本的商店街，若沒有巷內人指點，是不會發現這家隱身市場當中的日租房「謝宅」。顧名思義，謝宅原來是經營布莊與服裝生意的謝家人所居住的地方，一樓是當作店面使用，全家五口則居住在二到五樓，人稱小五的「謝宅」負責人謝文侃，從小便是在這個市場裡長大。

從一樓到二樓有一個近乎垂直的狹小樓梯，爬上了它就算是進了謝家的大門。小五解釋道，這是當初爲了讓店面有最大的營業空間，才會把樓梯設計得這麼窄小。但是一般人要爬上這樓梯都要費個九牛二虎之力，何況是中風的父親，於是謝家一家子在五年前才決定搬離西市場這個老家。

雖然搬離了這個老房子，但爲了保存在這棟老房子中的記憶，也爲了將這樣的居住經驗分享給更多人，謝小五和同樣喜歡老房子的同學游智維，一起成立了「老房子事務所」，募集了多位建築系的學生義工，藉由活動的舉辦，串聯台南各個老宅，凝聚老宅保存的風氣與力量。事務所第一個案子便是「謝宅」日租的催生。

「我們的想法就是，整理出這樣一個老房子，讓別人喜歡它，也影響到人；重點是一種分享。」謝小五說，老房子再利用是一件勞心勞力又花錢的事情，但若只是處理表面，它仍然會持續惡化，「如果今天你眞的很想保

Q：翻新老宅所投資的費用和時間？

A：35坪左右的空間，10個月時間完工，總共花費約160萬。主要是工錢，以花的錢來說算是少的，我們有三十幾個成大建築系義工來協助，如果沒有他們的幫助，會更費力費時。

3

2

（1）三樓餐廳與廚房間，以木窗戶與廚房做區隔，讓廚房就像是個舞台般與用餐的家人或朋友能直接互動。（2）85度角的樓梯，對於來訪者是一項新奇的挑戰。（3）頂樓寬敞的浴室，有個可以放鬆的角落。

3

(3)二樓起居室以木頭架起格層，成爲一個可以躺臥閱讀的書房空間。
(4)蚊帳、舊碗櫥與磨石子浴室，懷舊的家庭氣氛，讓寄宿謝宅卻像是回到老家一般。

4

Q：回收老宅的注意事項，遇到困難時如何解決？

A：第一個問題，就是原來從市場進門的狹窄樓梯口，任何重型機具都無法上來，因此所有工程都得用手工。而且每個空間我們都做了三個以上模型，因為一面牆拆了就沒了，不容許我們邊做邊改，每一個討論我們都希望是從模型上就確定的。老房子就像是老人一樣，有太多毛病，即使毛病修好了，它還是一個老人，必須永無止盡地去修復，這也是我們平常在做的事情。

留老房子，就得花一筆錢，而最好就是花在自己的房子上。」

一家子的生活感營造

規劃爲日租住宅後，謝宅的空間格局上並沒有太大的改變，大致上保留了原本的百分之七十，也就是主結構部分，其他百分之三十則是可以讓這群年輕人發揮的地方，包括一些比例的改變與功能上的增加，以房子本身最具特色的磨石子，與水泥、木頭做異材質的結合，以現代的設計比例去重新詮釋老的空間與材質。「我們五、六年級的任務是保留老房子，目的是一定要讓七、八年級沒有體驗過老房子的年輕人也喜歡上這個空間。」小五說。

一般傳統透天厝規劃上都是一層一個房間，但是小五與同伴們在反覆討論下，決定在空間使用上更強調「一家子」的感覺，「雖然一間間地分租可以更有效益地回收成本，但我還是希望它像我原來的家一樣，可以讓一家人或三五好友來這裡分享這個空間。」因此謝宅雖然有四層樓，但是其實房間只有一個，也就是位於四樓的榻榻米大通鋪，「我們討論了很久，最後還是覺得在大通鋪上可以聽到彼此的呼吸聲，才有一家人睡一起的感覺。」

而原是父母房間的二樓現在則是起居室，並以木條架出一個小夾層，成爲一個開放式的書房。頂樓原來姊姊的房間，則變爲一個超大的浴室，旅客可以在老師傅手工打造的磨石子浴缸裡，用七股海鹽泡一個完全放鬆的減壓澡。三樓則是全家人相聚的餐廳與廚房，墊高的廚房，像是浮在空中，「我希望廚房是一個景，對於煮飯的人來說，這是一個舞台。」廚房天花板作自然採光，中午的時候，光線會自然地灑落進來，並利用兩個相對的窗戶，讓風直接從戶外帶進來，「即使有太陽進來，因爲有風吹，也不會感到熱。這就是建築，考慮空氣、陽光和水。」

翻修後，有些地方倒是變回小五小時

候記憶裡的樣子，像是原來三樓戶外就有一個像現在的空中庭園，但當時因爲小孩長大需要房間，因此將花園的地方圍成房間，現在則把加蓋的屋頂拿掉，讓它回復成一個院子，保留後來加上的牆，成爲一種半室內花園的感覺。

就在我們聊天當中，一隻野貓就在外頭的花園閒逛了起來，對於這樣的擅闖民宅，似乎早已習以爲常。小五說，台南人愛吃魚，因此市場這附近也引來了許多野貓，吃飽滿足了就上屋頂來曬曬太陽，「這裡的貓也很懂得生活。」

生活細節中的富有

圓板凳、老電扇、折疊式的卡帶錄音機、附蓋子的老書桌、八釐米放映機……，小五說，這裡的每個物件和每個角落，都有著他的回憶與故事。這些物件都是原本生活在這個家裡的人使用過的東西，從它們的樣式來看，也可以猜出這家人在當時的經濟與生活水平都不低。

捧著一盒新鮮的當季草莓招待來客，小五說，這是剛剛水果店送過來的。他說，台南仕紳文化的傳承下，台南人的富有並非展現在名牌服裝或豪宅，而是對於生活品質的要求；可能是一籃鮮採的水果，一碗鮮美的牛肉湯，或是閒暇時玩玩電影的小興趣，經過幾代的沉澱，富有是表現在這些看似不足爲人道的生活小細節裡。

從小學畫，浸淫在台南濃郁的文化氛圍裡，小五比很多人更知道什麼是美的，也更珍惜這些資產。也因此即使保留老房子有很多困難要去突破，這群年輕人還是繼續堅持著。「當全世界都蓋新的房子，每個城市都一樣，這樣生活還有什麼意義？古蹟離我們太遙遠，但是老房子卻可以和人接觸；我們想要的就是連結，心跟房子的串聯，讓這些老房子的記憶可以延續、可以傳遞。」●

Q：請問挑選了哪些物件作為店家風格塑造？

A：為了與原本建築的磨石子建材呼應，三樓的廚房流理台、五樓的浴缸，是請老師傅手工磨石子，做出新的設計。除了磨石子外，還商請另外四個老師傅重出江湖來參與，包括榻榻米、蚊帳、棉被、磨石子和竹子，都是使用傳統工法製作出有現代比例的設計。

5

(5) 三樓戶外的大陽台，保留原來房間的牆面，成為一個半室內感的祕密花園。
(6) 磨石子的元素出現在謝宅的各個角落中。

6

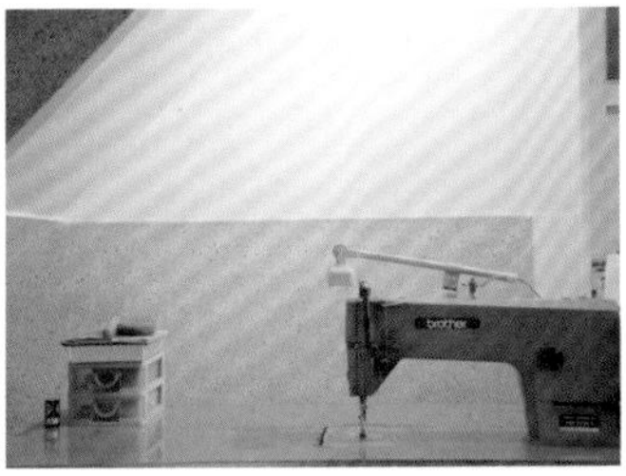

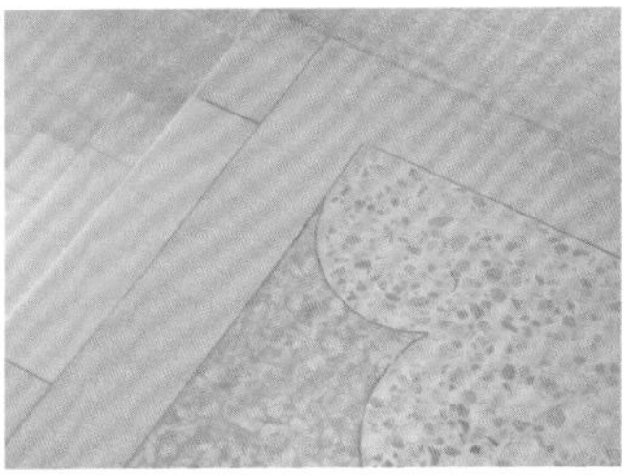

F 閩式洋樓 Suck Lounge 92 15

Suck Lounge 92

微醺中啜飲歷史深藏的美好滋味

老屋子是我們翻修時最大的難題，但後來卻也幫助我們最大。

〔店長〕Jerry

〔店主〕Calvin

Tainan

屋齡 55 年

鄰近赤崁樓、大天后宮的這條小小的新美街上，一家小酒吧隱身在一棟歷史味十足的老樓房中，老木頭上鑲著霓虹燈管，盤繞成的幾個字母組成了不顯眼的小招牌，與畫著門神的大門相呼應，歷史感的建築與新潮的飲酒文化結合，注入不同於一般夜店的空間況味。text：張素雯 photo：WE R THE CATCHER

〔Suck Lounge 92〕 ☞ 台南市新美街92號（已結束營業）

1

（1）垂直感的大型落地窗戶，與布幔、吊燈的結合，讓空間有種歐式的典雅風味。
（2）霓虹燈管幽暗而低調，反倒是店外的門神更像是Suck的招牌。

2

——夜晚，在寂靜的台南老街裡散步，溫暖的南風吹送著不斷迭代變化的時空，未曾消逝的風華，仍在街角巷弄中隱隱散發著迷人的香氣。這時，或許一杯陳釀的好酒，可以稍稍慰藉一點唏噓之感。

在一個小小的霓虹燈光的指引之下，信步走進這家外觀讓人摸不清賣什麼的酒吧裡，門口沒有夜店黑衣黑墨鏡的保全人員，倒是有秦叔寶和尉遲恭兩位大將守護著。

「Suck Lounge 92」位於舊稱「米街」的新美街上，在一九七〇到一九九〇年代一度是台南最繁鬧的地帶，可以說是富商豪族的廚房，後來因爲城市發展，這邊才逐漸沒落。雖然因爲政府沒有經費做都市更新而逐漸沒落、被廢棄，但也因此這邊的老房子得以保存最多、最完善。酒吧所在的這棟三層樓房，是日治昭和年間台南知名地主城阿全於一九五六年所建造，目前爲其姪系孫輩前司法院副院長城仲謨家族所有。二〇〇四年Calvin租下這棟樓房，一樓用作店面，樓上則是住家，這家Lounge Bar也成爲台南最早於老宅中營業的夜店之一。

歷史風情的保留

目前邁入第七年的「Suck Lounge 92」，店主Calvin兄弟兩人各有正職，基於對於品酒的興趣，而開了這家夜店。「喝酒不用錢，家住二樓也不必擔心酒後駕車問題，所以經營起來也沒有很大的壓力。」

Suck所在的這棟房子外觀保持良好，二、三樓有外伸陽台，陽台上長方形鏤空處裝飾著菱形雕花鐵件，簡單卻巧緻的細節，可以想像當時屋主確有地方富賈的優雅品味。在Suck進駐之前，這棟房子已荒廢了約五、六年的時間，Calvin回憶說，那時破舊的老屋像個鬼屋，前面只有一個幾乎乾涸的

Q：翻新老宅所投資的費用和時間？

A：不到30坪的室內空間，開店時的花費共約300萬，其中家具就佔了一半的費用。

3

（3）台南建築裡常有的天井，在這裡成了一個包廂。
（4）店主最自豪的特調飲料，是吸引常客的主因。

4

Q：回收老宅的注意事項，遇到困難時如何解決？

A：第一是漏水的問題，所以在原來的屋瓦上加上鋼板以防水。再來是木造老房子很容易受到白蟻侵襲，我們又不願意用化學藥劑的方式除蟲，主要考慮到食品安全，也不希望客人直接碰觸到除蟲劑，因此選擇用比較保險的方式，就是讓空間保持乾燥。

魚池。這也就是爲何Calvin會在門上貼一對門神，就是希望能趨吉避凶、討個好彩頭，沒想到後來這也成了Suck最獨特的門面。

比較可惜的是，Calvin兄弟並非是第一個在此開店的商家，先前的業者爲了裝潢，已經將部分原始的空間破壞了，像是原來的磨石子雕花的室內樓梯就被打掉。而原本三樓有著木造斜頂的閣樓覆上紅瓦片，在一次颱風天塌掉，於是屋頂也重新做了替換。Suck在開店初期因爲經費受限，所以空間上大致保留的是前一租賃店家保留下來的設計，到了開店第五年時才做了一次小改裝，這個時候他們決定讓房子原來的歷史感發揮得更大一點。

「實際上，要保留老房子原始的味道，和經費是呈等比的。」Calvin表示，一般來說當要保留一面斑剝的老牆，得用比較複雜的方式去處理，因此剛租賃下來時，他們就在防水工程上下了很多工夫。

老屋的華麗再現

所以爲了不破壞建築本身，又能節省經費，他們在裝修時盡量不去變動原來的樣子，運用了很多現有的東西，而不去破壞或增加結構，像是利用比較單純的方式，用大塊的布幕做遮掩覆蓋，既能不破壞房子本身，又能營造一種舒適高貴的情調。外觀上，包括戶外招牌也盡量予以低調，避免有酒 商標的招牌出現，也藉此希望能營造多一點神祕氣氛。

這棟加強磚造的建築，最大的特色是三米六的一樓挑高，牆面上歐式的挑高窗戶看起來十分氣派而典雅，雖然針對經營上的需求，爲了阻隔店內的高分貝的音樂，外面砌磚封住窗戶，但店家以燈光的投射，製造一種夜晚的戶外空間感，讓窗戶仍能保有穿透性與呼吸感。

室內裝潢除了布幔的大量使用之外，爲了讓店內營造一種古典中帶點前衛的感覺，也有紅色、灰色烤漆玻璃的使用，各個角落投射出來的效果不一樣，也有較爲開闊的視覺效果。天花板則保持原來的水泥裝飾邊條，原來的柱子上貼有鵝卵石，並有雕磚在柱面上裝飾。另外，也使用了許多的珠簾，燈光上則是水晶吊燈，感覺較爲華麗。

獨創風格的飲酒文化

「我們最大的競爭力是在吧檯，從酒水的品質到服務，讓客人來這邊消費時，能在舒適的環境裡享受最好的餐飲品質。」二〇〇四年開店之初，Suck是台南少數幾間以舊屋用作營業的店面，雖然近幾年台南夜店變多了，在中西區以老屋經營的也不少，但是Calvin對於此十分樂見，因爲他認爲若能形成一個群聚效應，更多各具風格特色的店家在良性競爭下，反而能刺激更多的火花。

「剛開始時，老屋子是我們翻修時最大的難題，但它後來卻也幫助我們最大。」Calvin表示，從經營的角度來看，這幾年因爲景氣的下滑，來店消費人數銳減，這個不大的營業空間，也讓店主省下一筆維修與人力成本。剛開始時，的確因爲沒有華麗的大門面去吸引大量來客，但是令人慶幸的是，老屋子的氛圍成爲Suck的特色，這些客人一旦造訪過這裡，通常都會變成熟客，都很樂意再度光臨甚至呼朋引伴地帶來更多人群，這也是這間店能延續下去的主要關鍵。

Q：請問挑選了哪些物件作為店家風格塑造？

A：使用手工訂做的家具，其中最貴的是沙發。另外，利用珠幔、簾幕製造一種隱密的感覺，讓空間有種神祕的感覺，卻又是開闊的。

5

6

（5）花卉、布幔與珠簾，讓空間中有種奢華柔媚的氣質。（6）柱樑間可以看到原來建築特有的裝飾細節。

F 閩式洋樓 Bing Cherry Hair Salon 16

Bing Cherry Hair Salon

女孩們與老洋房的一場美感邂逅

老房子對我們來說，
是一種生命的延續，
會讓人想要保護它。

Tainan

屋齡 80 年

台南小西腳圓環邊上，一排弧形的建築圍繞著圓環而建，洋房內這家風格獨具的美髮沙龍「Bing Cherry」，由三個同屬金牛座的女孩子親手打造而成，她們不但在在這棟老洋樓中實現了一個開店的夢想，並且親身體驗老宅中的美感與浪漫。text：張素雯 photo：WE R THE CATCHER

〔Bing Cherry Hair Salon〕 ☞ 台南市西門路2段10號 ☎（06）222-3608 ⓛ 週一至週六：10:00-20:00 ／週日休 Ⓦ http://www.bingcherrysalon.com/

1

——台南以豐富的古蹟著稱，從清代的古樸廟宇、閩式民居到日治時代的華麗洋樓，古老的歷史痕跡在都市化的進程中未曾消滅，老屋們仍舊在各個角落以緩慢的頻率呼吸著。

在台南府城日治時代規劃的五個圓環之中，小西腳圓環邊上就有這樣一棟洋房「蘇氏五間厝」，五間連棟的這棟閩式洋房，中間棟比兩旁四棟高出一樓，正面上方三角楣的裝飾面上刻著「蘇」字，外觀帶了些新巴洛克風格的特色，在圓環上幾棵大樹的遮掩下，很多人經過卻不見得會注意到它。

美髮設計工作空間「Bing Cherry」就藏身在這排白色洋房之中，店主Semi以及店長Cherry、設計師Miki，三個女孩在此親手打造一個生活感的工作環境。

她們與這棟洋樓的結緣，帶了點玄妙的色彩，就像Semi所說：「其實是房子找到她們的。」起初這三個七年級女生對於這棟老舊的房子並沒有太大興趣，甚至第一印象是有點恐怖的，但一登上二樓，卻深深地被兩扇挑高的大窗戶所吸引，難以想像在台南這麼熱鬧的市區中，也有一個如此氣質安靜的角落，而她們就決定租賃了下來。

打造台南的Loft風格沙龍

這棟洋樓格局較爲特殊，前寬後窄，一樓設置著接待櫃檯，二樓則是美髮區。前後空間因爲保存狀況的不同，翻修的工程也很不一樣，再加上「房東列了大概十幾條不能動的東西」，種種的限制，對於設計與施工來說有些難度挑戰。

打從第一次進入這棟屋子，本身對於室內設計有點研究的Semi，以及兩個負責現場工作的Cherry和Miki，基本的店面藍圖就已經在腦海裡成型了。她們不希望有一般美髮沙龍時髦、前衛卻吵鬧的感覺，而是能營造

Q：翻新老宅所投資的費用和時間？

A：含美髮設備的話，應該有200萬，確切的金額很難估計，因為很多燈具、家具都是陸續再增加的。規劃到翻修的時間僅花一個月，我們自己也有來幫忙，每個人都爬在樓梯上幫忙油漆，所以稍稍加速了進度。

（1）面對圓環的一整排落地窗，讓室內擁有柔和的自然光線。
（2）白色的小陽台，讓人有童話的浪漫想像。

2

（3）木造樓梯與窗框都漆成黑色，而裝飾牆面的攝影創作也以黑框裝飾。（4）各種樣式的木造門窗，爲空間帶來光線與穿透感。

3

4

Q：回收老宅的注意事項，遇到困難時如何解決？

A：因為在結構、格局上我們沒有辦法做太大的改變，只能在老房子的限制條件下，再去發揮作設計，這成為最大的困難點，但它同時也是一種特色，因此如何去強調這樣的特色，卻又不失時尚感，成為我們設計上的考驗，只能以顏色、家具去營造現代氛圍。

一種可以久留的舒適感，畢竟美髮過程常需要好幾個小時來完成，她們希望能讓店裡的客人能在這個地方舒舒服服地待著，不會急著想離開。

如何讓這個老房子既能保留古典的美感，又能符合美髮沙龍應要具備的時尚與設計感，Cherry說：「就是憑著感覺走！」三個女生以單純的想法與直覺，就這樣將心中完美店面的風格塑造了出來，而得到的結果就是，一種頹廢的老舊感中突顯出來的個性味，彷彿是紐約Loft倉庫閣樓的台灣版。

這棟八十高齡的樓房，基本的木造結構大致保存良好，施工中最大的工程是牆面壁癌的處理和粉刷。而這裡的翻修設計也很單純，她們沒有刻意以木作做大幅裝潢，而是盡量突顯老屋的特色，像是讓天花板的屋樑結構一目瞭然地裸露出來，地板也保留了原來六角形的地磚。後期租賃的二樓後區地板，則將前人裝潢的磁磚拆除，重新鋪上水泥，讓它維持較爲中性、樸實的質感。

二樓前區因爲保存狀況頗佳，僅設置一個用作隔間的木層架，這個支撐到屋頂的木作構造，將等候區與美髮區做區隔，讓兩個空間彼此獨立但又不會有小空間的壓迫感，讓空間互通穿透。後區比較特別的是，維持了原來的木造隔間，一片片的直條木板構成的牆面，讓這邊的氣氛顯得古典優雅。

設計與影像創作營造空間個性

爲了營造一種舒服的感覺，Bing Cherry的牆面與家具都是米白色和暖色調爲主，捨棄一般美髮店常見的誇張、亮眼而衝突的色彩。二樓後區的部分則是以黑白爲主，冷調的顏色對比，風格較爲強烈，因爲此區空間較小，因此在茶桌的選擇上便是以可移動式的，以增加空間運用的靈活性，鏡子則選擇大型的幾合拼貼感的設計，利用鏡面反射擴大空間感受，讓冷感的空間分爲多一些活潑自由的氣氛。

做爲店內主要家具的剪髮椅，造型也選擇復古式的普普風格，是三個女孩一起四處到工廠去尋找的。另外，爲了讓空間更具現代時尚感，Bing Cherry的等候區選用了好幾款知名的設計師家具與燈具，像是Mies Van der Rohe設計的經典沙發椅「Barcelona chair」、Eames的殼型扶手椅、Calligaris的透明椅「Parisienne」，以及Artemide的球形透明吊燈「Miconos Tavolo」……等。而牆面上的黑白照片，是三個女生展現自我的影像世界，她們說：「學美髮的就是不喜歡和別人一樣！」

玩在老宅生活裡

三個女孩以浪漫的心情工作、生活在這棟老房子裡，這個環境讓她們沒有緊張感，生活的細節感覺比較不會那麼銳力，而這樣的感受也反芻到她們的設計創意上，「很多客人都說，我們好像是在『玩工作』！十分享受工作的感覺。」

「剛裝修好的時候，我們自己都會覺得：哇！我們店怎麼這麼漂亮！甚至會不想回家。」常常也有很多人只是喜歡到這裡來找她們聊天。這讓親自參與施工的三個年輕女孩，充滿成就感。尤其是屋後的陽台，在中午過後便是一處舒服的乘涼地點。透過老房子，這三個年輕女生接觸到老建築對於材料、工法的用心，也讓自己親身體會到一種傳統價值的眞誠與實在，並且也開始意識到自己也在賦予老房子新的生命。

過程中，出乎她們意料之外的是，一間老屋可以變成這麼讓人覺得親近，更沒有想到，原來這樣的空間也可以吸引那麼多人前來，這也讓她們心中產生了一種保護老宅的使命感。

Q：請問挑選了哪些物件作為店家風格塑造？

A：我們特別選用了許多款設計師家具與燈具，簡單俐落的線條，與老建築特有的手感風格，在對比中卻又能完美地互相呼應並結合在一起。

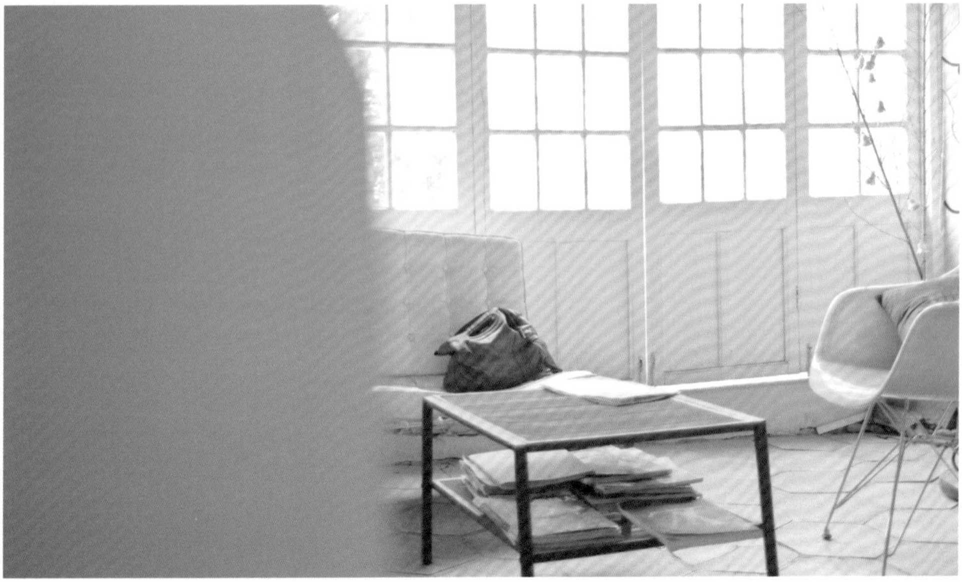

5

6

(5)等候區擺著舒適的設計師家具，成爲一個舒適的所在。
(6)在各個角落中，都可以看到新舊融合產生的獨特個性。

F 閩式洋樓 Happiness Flying Fish 17

飛魚記憶美術館

卸除偽裝的美麗與自在

這裡像是尋找心靈
安靜的一角，
找到了什麼誰也不知道，
只有自己來看看
才會明白。

〔禮服祕書〕可欣＋tutu
〔門市〕慧倩＋ㄉㄨㄞ腰
〔造型師〕淩茵
〔攝影師〕Jimmy

Tainan 屋齡60年

歷經繁華起落，台南民權路這條百年前洋樓林立的歐風街道，如今到處是老舊不堪的危樓，已不見當年充滿異國情調的浪漫情懷。即便如此，「飛魚記憶美術館」的Jimmy與Kelly卻在這裡以不華麗、不偽裝的態度與理念，以攝影為新人們說出屬於自己的浪漫故事。text：張素雯 photo：WE R THE CATCHER

〔飛魚記憶美術館〕 ☞ 台南市民權路二段192號（已結束營業）

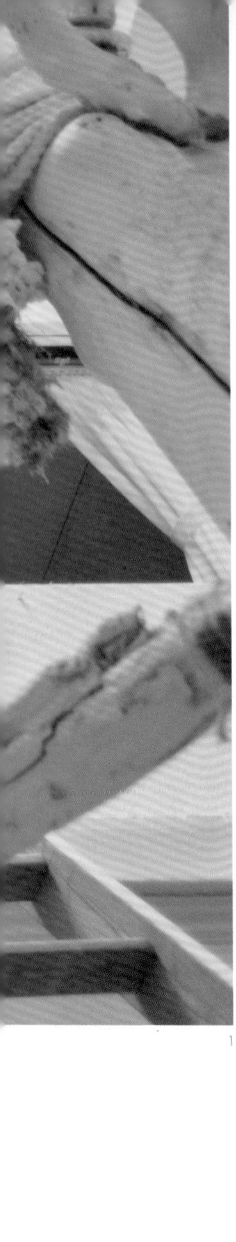
1

——說到浪漫，婚紗攝影大概集合了所有男女對於愛情的浪漫想像，華麗的絲緞禮服，公主與王子般的夢幻場景，可以說是極盡唯美至一種超脫現世的態度。但是對於「飛魚記憶美術館」這家婚紗店與這群人來說，眞正的浪漫不需要如此過度包裝與華麗，而是一種隱藏在看似平淡的生活面貌之中，自在做自己的隨意與眞誠。

由一對剛過而立之年的情侶組合Jimmy與Kelly所創立，飛魚最早是從一個五坪大的空間開始發跡，從沒有選擇餘地而必須接廣告設計、平面設計、商品攝影、網拍、影片剪接……等各種案子，到後來婚紗攝影做出口碑，而開始專注經營婚紗。

就在八八風災重創南部的同時，他們搬進了現在台南市民權路上的這棟被廢棄的舊屋，「我們選擇搬進一棟舊屋，保留了一些歲月的痕跡，裝修成屬於我們的模樣，這裡仍舊延續了飛魚的生活態度，沒有知名度的地標，沒有熱鬧人潮，不華麗，不僞裝，做自己想做的事情。」Kelly在網誌上如此寫道。

天井下的生活情感

搬進這棟四層樓的老洋房，Jimmy說，或許也算是一種緣份，「走進來的時候其實滿恐怖的，那時候房子已經七、八年沒人使用，牆壁漆成奇怪的暗橘色，而三樓以上被棄置更久，上到三樓的時候就開始覺得毛骨悚然，地板有將近一公分的灰塵。」但是在建築的中間，有一個貫穿一至三樓的大天井，Jimmy站在天井下，感覺到了風的流動，這於是成爲他決定租下來的原因。

「我看過滿多像這樣的『鬼屋』，其實當你踏進去時，它會給你很多感受，會有一個畫面存在。而這邊就是因爲就從以前到現在我們接收過很多人給的力量，所以現在我們希

Q：翻新老宅所投資的費用和時間？

A：總共四層大概170坪左右的這棟房子，我們花了大概3個月的時間整理，因為很多都是自己動手處理，所以總共花費不到100萬。

(1) 貫穿整棟樓的天井，爲建築提供了大量的自然光線與流通的空氣。(2) 天井中的大漂流木下，成爲一個聚會聊天的樹下空間。

2

3

4

(3)環繞著天井的夾層空間，木製地板有著天然舒適的感受。
(4)貓咪的蹤影和柱子上的小插畫，讓角落充滿驚喜。

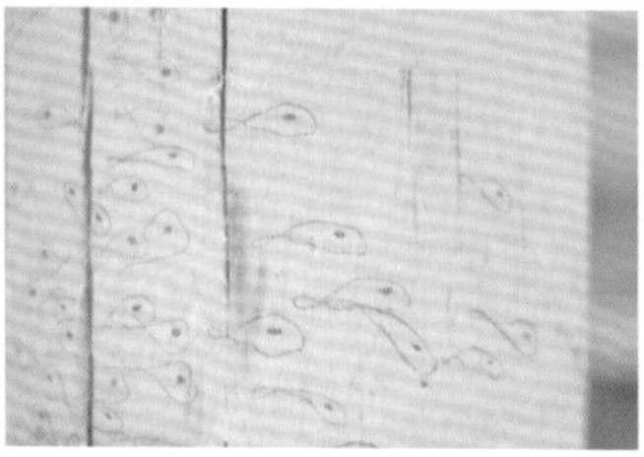

Q：回收老宅的注意事項，遇到困難時如何解決？

A：光是漏水舊處理很久了，我們剛搬進來時就遇到八八水災，當時一個人捧著大水桶整個晚上就是忙著接雨水。還有很多是無法處理的，像是四樓部分磚牆幾近坍塌狀況，畢竟並非是自購，所以只能用自己負擔得起的經費來處理到盡量舒適，自己用水泥和防水素材去補強。

望把一個最好的空間，也分享給大家使用。」因此和一般婚紗公司不同，飛魚店外的櫥窗沒有精緻美麗的婚紗模特兒或是大大的輸出相片，而是以藝術展覽來當作門面，他們在婚紗公司的前半部規劃一個展示空間，提供一個舞台來支持在地的創作能量繼續維持，而這也是爲何叫做「美術館」的原因所在。

這棟四層樓的洋房，前半部是兩棟房子，後半部是一棟房子，總共由三棟房子打通而成。挑高的一樓除了畫廊區之外，其他部分則是造型室、辦公空間與天井的休息空間。而做爲房屋中心的天井，讓深邃的房屋內部，有著通透的光線，Jimmy說，民權路這邊的老洋房幾乎都有一個天井，只是或大或小，以前的人規劃房子，不像現在的人都要建得滿滿死死的，而是會去留一些空間讓空氣對流，這邊的天井便是具有這樣讓建築呼吸的作用。

天井中間，一棵漂流木的大樹貫穿著三層樓，圍繞著樹幹的一個回形桌子和幾張椅子，讓這邊成爲店裡的重心，Jimmy就是想要營造一個像是老眷村裡大樹下的氛圍，大家一進來可以圍坐在這裡喝茶聊天。這棵漂流木是八八水災後從海邊扛回來的，他們讓這棵老樹再次挺立在陽光之下，也代表這群年輕人在此的重新開始。「我們希望客人進來這裡之後，我們的關係可以變成朋友，而不僅是用漂亮的婚紗吸引人。這樣的情感是很寶貴的。」

用心打造的風格

飛魚進駐後除了增加局部的木構造之外，其他幾乎都是保留原來的樣子，他們花了一些心思在復原上，打掉了一些感覺比較人工的裝潢，回復到原始的磚牆樣貌。

風格設計上，他們其實沒有刻意去營造某種氛圍，Jimmy說，「就是憑直覺傻傻地去做，將心裡面的畫面用紙筆畫下來，再去找工人進來做。」在荒廢之前這棟屋子曾用來當作餐廳營業使用，因此飛魚在翻修時首先便是拆掉或是覆蓋住過度的裝潢部分。

像是二樓的攝影工作室，他們將一部分隔間磚牆打掉，裸露出如同工事中的斑駁紅色磚塊，與懸掛在旁邊的白紗禮服，形成一種衝突中別具個性的美感。三樓以上因爲先前被廢置，建築得以保留比較多原來的老屋樣貌，Jimmy說，當他們刷掉了一層厚厚的灰塵後，洗石子的樓梯面露了出來，讓他們有種意外的驚喜收穫。除了自己的興趣之外，也因爲拍照上的道具需求，這裡有一些古董家具的陳設，也妝點出空間的氣氛出來。

天空遨遊的飛魚

在天井的大樹下，當Jimmy翻著他們二○一○年開始利用休假時間幫弱勢老人拍的婚紗系列作品給我們看時，店裡飼養的兩隻貓咪則在四處跳著，穿梭在天井的樓梯、隔層，甚至原來老房子的通風孔洞之間，這些小角落都成爲貓咪的探險所在。

在這棟老房子裡，Jimmy和Kelly以及其他的朋友們，他們不追求所謂的攝影風格，但是他們的拍法絕對和其他人不同，透過婚紗攝影，幫助更多的人說出屬於自己的故事出來。

剛過完五周年的飛魚，將在今年下半年做一個休息，不爲了什麼，就是爲了追尋一個更自由的天空，「婚紗公司就像是水裡面的魚一樣，大家都在走一樣的感覺、一樣的步調，可是我們不想跟著其他的一樣，而是想要追求我們想要的攝影，所以只有我們有翅膀，我們想要飛出自己的天空。」

5

6

（5）一樓地面的木棧道與鵝卵石裝飾出自然的風格。（6）以磨石子鋪成的樓梯。

Q：請問挑選了哪些物件作為店家風格塑造？

A：風格設計上，我們沒有刻意去營造某種氛圍，但是白色的牆面，加上石頭、木頭、漂流木點綴的空間，整體來說走的是比較大地風味的感覺。

7

（7）裸露的磚牆，與婚紗、舊物組成美麗的畫面。（8）頂樓天井邊可以看到花格窗裝飾的女兒牆，上方堆疊著紅色皮箱。（9）供作攝影佈景的一處空間，有著復古的情懷。

9

8

F 閩式洋樓 Narrow Door Café 18

窄門咖啡館

咖啡香氣中愜意神遊小天堂

老宅是一個生命的延續，
包括空間與人的生命，
而這就是人文的所在。

〔店主〕Jessica

Tainan

屋齡 90 年

從一個每天光顧的熟客，變成這家咖啡店的店主，就是因爲貪婪窗外的那片綠意，爲了保存這幅美景與這樣的人文氛圍，「窄門」店主Jessica透過重新還原空間的原貌，重新喚回這家咖啡店獨特的魅力，吸引更多人來接觸人文與歷史，讓這個老空間活出一個新生命。 text：張素雯 photo：WE R THE CATCHER

〔窄門咖啡館〕 ☞ 台南市南門路67號2樓 ☎（06）211-0508 🕒 週一至週五：11:00-22:00／週六至週日：11:00-22:30 f 窄門咖啡

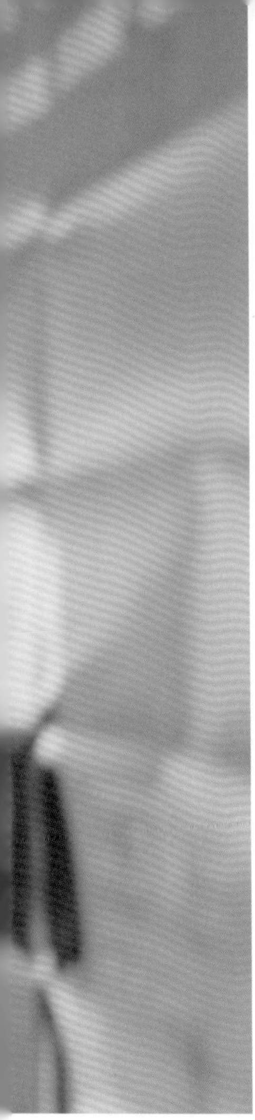

1

——人說醉翁之意不在酒，而泡咖啡館目的自然也不僅僅是爲了一杯咖啡；伴著窗外孔廟院落裡的濃濃綠意與明亮的午後陽光，在輕爵士的背景音樂中，隨意翻翻手中的書本，如此慵懶地度過一整個下午……，自手裡杯中飄來的香味，比咖啡更濃烈的，其實是古都醇香的人文芬芳。

說到台南的咖啡店，最負盛名的應該就是孔廟旁名爲「窄門」的這家咖啡館吧。取名爲窄門，是因爲它的入口處是一個寬僅三十八公分的縫隙，像是爲這個小天堂做人員篩選，側身鑽進這段其實是兩座樓之間的夾縫後，像是縮小的愛麗絲進入童話故事中的奇妙花園探險一般，柳暗花明又一村地，眼前出現一個開闊明亮的空間，再踏上階梯通往二樓，小巧卻生意盎然的綠色庭院在這裡自成一個小世界。

因為一片綠意而開始

日本大正時代建造的這棟兩層樓洋房，最初是一個醫生蓋的房子，在移民海外後轉手給現任屋主，這個屋主爲了出租，將房子分割成一樓兩個店面和二樓一個店面，因此讓二樓沒有對外獨立的出入口，自此二樓用戶便經由後面的小花園，自兩棟樓房的間隙中取道，而形成現在的「窄門」特色。

曾經是舞蹈教室、Pub、手工藝品店、一般住家，這個二樓空間幾十年來因爲租用者的不同，有過不一樣的使用方式，而在目前的咖啡店店主Jessica在二〇〇〇年頂下這個店面之時，它就已經是個咖啡店了。

來自台中的Jessica，曾經是個美語老師，因爲喜歡台南緩慢悠閒的步調而被吸引至台南工作，並且定居了下來。由於備課需要一個安靜的空間，當時的她常來這個孔廟旁的咖啡廳，一坐就是一整個下午，她說，

Q：翻新老宅所投資的費用和時間？

A：時間上大概花了一個月時間翻修，總共工程約近百萬。很多都是沿用原本的建材，少掉很多成本，因此主要是工錢，透過朋友介紹工班，所以降低了一大半的開銷。

（1）彩色的牆壁與門框加上花布窗簾，讓店內的空間充滿民族風味。（2）通往二樓花園的小樓梯。

2

3

（3）面對孔廟一片綠意的這整面窗戶，是店主決定接下這家咖啡店的主要原因。（4）店主將個人國外旅遊收集而來的各色紀念物，加上自己的巧思，佈置出充滿異國情調的氛圍。

4

Q：回收老宅的注意事項，遇到困難時如何解決？

A：第一要重視的就是基礎結構，不但關係到安全，也是尊重老房子的基礎。為了徹底解決房子本身的問題，屋頂和地板都整個拆掉，將裡面腐朽的部分替換掉。還有抓漏也是一項比較麻煩的工程。

她尤其特別喜歡窗前的這片景致。因此，當聽到原來的店主說要頂讓咖啡店時，她想：「天啊！多麼划算，花那區區小錢居然可以買得一個忘憂的午後！」於是毫不猶豫地，就決定接續這家咖啡店的經營。

混搭的老宅魅力

頂下咖啡店後，Jessica的第一個工作，就是重新整修這個老舊的空間。爲了盡量還原這棟日治時代的仿西式洋房，Jessica還特別考證過，這裡外觀最特殊的窗框是屬於十九世紀的鄂圖曼樣式，她說一次旅遊土耳其番紅花城這個重要的世界遺產景點，驚喜地發現城裡的咖啡屋的窗戶和這裡簡直是一模一樣！

「我喜歡老東西和老房子，我不想把老房子的樣貌設計到完全毀掉，而是原始呈現，和一般商業空間再造的理念不同，很多可能是新舊雜陳，但我做的是整個復原。」當然，要還原已老舊的建築並非容易，她透過了各種管道尋求協助，找到老師傅以原始的工法翻修，而老舊的建築結構，因爲先前的承租者完全沒有保養，因此翻修過程也很浩大，地板腐朽的福杉骨架全部抽換掉，再覆蓋回原來的檜木表面，大部分的經費都是花在這些維護房屋構造的工程上。

「咖啡館的目的是讓人放鬆，有很多的要素必須加進來，包括空間、動線、音樂、燈光，包括自然的陽光，是整個環境的營造。」在這樣的概念下，Jessica在動線規劃上並沒有大變化，除了因爲一些施工中出現許多不可預期的變數，而打通部分隔間，拆掉原來的日式拉門之外，她盡量地保留原貌。甚至，爲了讓客人看到的窗景視野不被破壞，她還自掏腰包幫鄰居重作招牌。

細節上她則依據自己的個性與喜好，去賦予這棟老建築新的味道，因爲她覺得老房子要有溫馨的感覺，因此選擇鵝黃色的壁面顏色，讓老房子不致於顯得滄桑。喜愛旅遊的Jessica，也以她從世界各地帶回來的工藝品妝點這個空間，這些從東南亞、歐洲到台式，多元、跨時代的風格混搭，卻與這個老空間「混得很和諧」。

咖啡店裡的人性體驗

「我開店的初衷並非是美食，而是這棟房子。因此我也希望來這邊的客人，也能一樣珍惜文化資源，能注意到這邊的文化特色。」Jessica表示，這家咖啡店並非以美食爲訴求，而是以風景與老屋氣氛做爲特色。而十年來的咖啡店經營，最大的收穫就是讓她變成了咖啡達人，在這裡也遇到了各式各樣的客人，看到了各樣的人性面貌，因此讓她在地方電台主持的節目內容，永遠不缺話題，「咖啡店就是一個小型的社會翻版，每天泡在咖啡店裡，我才終於理解作家爲何喜歡窩在咖啡館，因爲可以觀察到各種人性，生活也變得很有趣！」

個性爽朗、談吐直接的Jessica，開的咖啡店也很有她的個人味道，她認爲一家有魅力的咖啡店，就像人一樣，並不只是因爲長得好看而吸引人，而是是否能散發出獨特的個人氣質。自許爲這個祕密花園的園丁，她堅定地守候著這家小店，即使過程並不總是順遂愉快，但，只要能穿越這道窄門，迎接來的不就是屬於自己的天堂嗎？

Q：請問挑選了哪些物件作為店家風格塑造？

A：咖啡館最重要的是光源，因此在燈具選擇上花了一番心思。除此之外，以國外及台灣各地收集來的大量工藝品，點綴空間的各個角落，呈現出一種混搭的異國風味。

5

6

(5) 溫暖的色彩營造出空間舒適的氛圍。(6) 店主的各色收藏都穿戴著不同時代的流行回憶。

G 三合院建築 El Patio del Cielo 19

天空的院子

以年輕的理想注入老院落新生命

把我的生命，
變成也是老房子的生命。

〔店主〕何培鈞

Nantou 屋齡 105 年

在南投的竹山海拔八百公尺的高山上，一座荒廢四十年的三合院，因為與一位二十六歲年輕人的邂逅，而引發了一段充滿勵志色彩的動人故事。年輕人憑藉著滿腔熱情，讓荒蕪老宅搖身一變成為一個融入在自然美景中的民宿山莊，成為一個年輕人夢想緣起的可能。 text：張素雯 photo：WE R THE CATCHER

〔天空的院子〕 ☞ 南投縣竹山鎮大鞍里頂林路562之1號 ☎ 049-2655139（09:00-17:00） After 16:00 Check-in ／ Before 11:00 Check-out W www.sky-yard.com

(1)院子前的花園造景，將原本豬圈使用的石材重新運用成爲階梯與欄杆。(2)圍繞著房舍的綠色院落，與周圍的竹林連成一氣。

1

2

——蜿蜒的山路隨著山稜的起伏盤繞著，濃密的樹木與竹林將視線染成一片翠綠，在不斷重複的一道道彎路之後，視野也漸漸地開闊起來，群山的美麗姿態在眼前展現無遺。一邊讚嘆著山峻之美，也就這樣到達了海拔八百公尺高的山頂，感覺車子就要衝上雲裡的時候，我們差點錯過了立在山邊的招牌「天空的院子」。

進入了民宿的鐵門之後，還要再爬上一段陡坡，才會看到隱藏在一片竹林之後的這片建築群，這個由四棟屋子組合成的三合院，包圍著一個寬闊的廣場，廣場下方的石階下則有兩塊小池塘，幾棵柳樹隨著微風擺盪著。建築外觀在閩式風格下，又混雜著日本傳統建築的風味；牆面下半部是由一般台灣傳統建築常見的紅磚疊砌而成，而上部則又像是日式屋舍的白色土壁，兩者融合成一種樸實中帶著典雅的氣質。

這個神祕院落在竹林的掩蔽下，外面的人看不見這裡，可是從這裡卻可以看得非常遠，踏上石頭砌成的階梯，繞至房舍後的平台上，就可以眺望整個大鞍山區，遠處可以看到鹿谷的房子。而據說冬季時北風吹來，會在山谷裡集成兩道下沖的雲瀑，早晨就在院子的前方的山谷中匯合成一個雲之湖。

老宅與年輕人的邂逅

天空的院子這個大宅院，至今已有一百〇五年的歷史，而沒想到院子的主人何培鈞，才剛過三十而已。他回憶大二時意外發現這座山中廢棄的荒蕪院落，強烈的感觸下，讓他立下了一個志願，希望用自己的生命重新找回它的價值，「也就是把我的生命，變成也是它的生命。」於是這個偶然的邂逅，改變了這個年輕人和一個老院落的未來。

二〇〇五年何培鈞完成學業並且當完兵

Q：翻新老宅所投資的費用和時間？

A：共花了1200萬，用了一年的時間整理、翻修。盡量自己做來減少開支，像是牆壁自己補、桌子自己釘、木頭自己刨。

3

（3）紅色的磚牆和白色的土牆，與深色的木構造，構成諧和的建築外觀。
（4）屋簷下的陽台，讓房客可以與自然環境有更多的接觸。

4

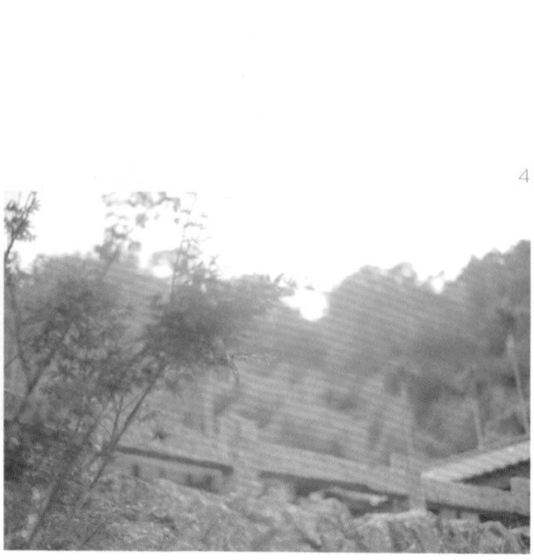

Q：回收老宅的注意事項，遇到困難時如何解決？

A：從一開始籌錢買屋，到規劃設計、整地、施工、營運，我們在各階段遭遇到不同的難題。施工時重新鋪管線，就要小心不要傷害到建築外觀，而開始使用後許多問題也會浮現，需要適度調整。像是浴室的水氣會被土牆壁吸收，造成膨脹而損傷建築，所以必須要定期保養與維護。

之後，聯絡到七位屋主，將這座院落買下，並開始為時一年的整修工作，當時的他僅有二十六歲，「回想起來，會覺得自己竟然曾經做過這樣一件瘋狂的事情！」歷經家族革命，以及四處奔波貸款籌錢的過程後，他偕同熱愛建築的醫生表哥，兩人開始進行了院子的翻新，但這個工程不僅僅是建築而已，而是整個院落莊園的重新規畫整理。

決定在此經營民宿之後，雖然秉持的原則是老房子該留的一定要留下來，但他又不希望一味地仿古而結果像個民俗公園，因此最後他和表哥決定建築外觀保留傳統的樣貌，而內部則使用現代化設備，以讓住客能有居住的舒適感。但是傳統與現代共處一室的概念，卻也成為修繕最大的問題；畢竟要將現代化設備放入百年建築裡，有一定的難度，像是要加浴缸，老房子裡卻沒有這樣的管路系統，重新鋪設又要不能破壞原始的牆壁面貌，就必須用更複雜的工法來埋設管道。因為這些堅持，所以花費的金錢與力氣就會更多，「但只要你想這是自己的理想，你就不會去吝嗇了。因為它在十年後、二十年後仍是有意義的。」

「施工過程中的最大瓶頸，就是在要和不要之間，如何去做最好的選擇。」因此，取捨之間的考量，反而是翻修過程中最難的部分，中間一度停工了三個月就為了評估工程的必要性。何培鈞說，翻修的過程中設計可能會隨時間、經驗而改變，但核心的價值是不變的，「以設計來說，這邊或許不是最好的，但它其實反映了我們當時的一些想法與態度。」

這個偌大的院子翻修過程中，從庭院造景到家具的製作，有不少都是兄弟倆親手打造的，他們大量使用原來的舊建材，像是欄杆的石條是原來豬圈的圍牆，而原來屋頂的瓦片則成為現在的排水道。院子裡大約九百坪的建地，有四人房兩間、兩人房四間，不僅沒有加蓋任何房子，即使滿客也才住十六個人，與原來老宅院裡原先的使用者相比少了一半，就是希望住在這裡的人，可以享受完全的安靜，體驗這裡的山居生活。

老宅的生命起點

「當初我第一眼看到這個建築，並不是用一個句點來思考，感嘆兩句說：『台灣都是這樣』然後就離開，而是看到一個起點；爲什麼有這個起點，也就是因爲看到它的過往，讓這件事情有了延續下去的本質，這也是目前爲止我們對它的註解。」

何培鈞認爲，這個院子並不單單只是一個民宿，來訪的人也不僅僅在此享受美景與旅遊生活，而是透過了在這個老宅中的體驗，回想起自己遺失的記憶與感受，重新去思考生活中的價值，對自己的人生產生更多想法，而這樣的影響，意義遠大於經營的成果。

六年來的經營從負債到媒體爭相採訪，就是因爲堅持與不斷地突破，並尋求新的可能性。對於何培鈞和表哥兩人來說，天空的院子是他們落實理想與生活信仰的所在，何培鈞在去年更成立了「小鎮文創」公司，就是希望將這樣的信仰廣布到社區的各個層次中。

「我最近的體悟是，我沒有辦法擁有它，只能在有生之年暫時地擁有，有一天當我們離開時，也會像現在一樣，換新的人進來，但是在來去的過程裡面，我們都可以表達屬於自己這個時代的價值。」

Q：請問挑選了哪些物件作為店家風格塑造？

A：家具上我們選用自然風格的木造或籐編家具，有些是自己手工做的，有些是買來的。燈具則是來自IKEA，以樸素簡單的設計風格為原則。

5

6

(5)斜屋頂與紅色磚牆，鄉間生活可以很樸實卻也舒適。
(6)每個細節中，都有兩兄弟投入的細膩心思。

H 現代大廈改建 JJ-W Culture Design Hotel 20

佳佳西市場文化旅店

從客房延續至旅程的文化深度體驗

保留原本的老建築物，
環境中的靈感
賦予設計新的創意。

Tainan

屋齡 30 年

〔文化領隊〕王浩一

〔管理顧問〕蘇國垚

〔執行長〕蔡佩烜

〔主持人〕劉國滄

不僅是一家旅店，也是一個長期展覽、生活的藝術實驗，「佳佳西市場文化旅店」四位創始人劉國滄、蔡佩烜、蘇國垚、王浩一組成的夢幻團隊，將建築與空間設計結合飯店管理、主題旅遊規劃，讓老飯店的重生，也讓台南的文化創意多了一個發聲平台。text：張素雯 photo：WE R THE CATCHER

〔佳佳西市場文化旅店〕 ☞ 台南市中西區正興街11號 ☎（06）220-9866 🕒 After 15:00 Check-in ／ Before 12:00 Check-out 🅆 jj-w.hotel.com.tw

——穿越台南正興街這條小小的街道，「佳佳西市場文化旅店」鶴立雞群般地矗立在眼前開闊的廣場上，整棟白色的八層樓建築，在一片灰色的三、四層老透天中顯得特別醒目。建築立面上，一個個突出的大小窗台有著童話風格的造型，以充滿趣味的比例重新勾勒出台灣公寓鐵窗的景觀特色。繞到建築另一邊，玻璃帷幕包裹下的樓梯間，則映照著旁邊一棵三層樓高百年老榕樹的剪影，這個畫面構成了佳佳旅店大門上的鐵鑄招牌圖案，也反映出旅店的核心價值——建築與環境的互動關係。

「佳佳飯店」對於許多老台南人都不陌生，這個曾在一九八〇年代風光一時的老字號飯店，曾經是電影「小城故事」當紅影星們的下榻之處，走過了三十個年頭卻不敵潮流的更迭，於是在數年前吹起了熄燈號。工作室「打開聯合」就在旅店附近的建築師劉國滄，因爲不捨這個充滿記憶的老飯店的消失，於是集結幾個志同道合的朋友便一起集資買下了這座老飯店。

「佳佳是我們的一個共同的願望，就是我們想要擁有自己的作品。」「打開聯合文化旅店」執行長，也參與了佳佳旅店室內設計的建築師蔡佩烜說，做爲建築師，總是在幫別人做設計，案子完成後交還給業主，有時候因爲經營者空間的規劃、養護問題，或因爲經營的不善，建築師的作品就這樣失去原來的味道，或甚至就從此消失不見了。因此，接下了佳佳飯店，可以設計並經營一個空間，便成爲劉國滄與打開聯合設計團隊一個理想的實現。

接下旅店後，大家對這個地方充滿想像地討論著，原來團隊初步的想法是打造一個出租設計師工作室或是藝術村的概念，或是做成一個融入創意的出租公寓，就在幾個方

1

Q：翻新老宅所投資的費用和時間？

A：地坪約60坪，總共有地下一層與地上八層，規劃到施工完成大約兩年半的時間，其中施工花了一年。翻修經費上很難估計，因為目前還在繼續改造中，若單單建築體本身大約3000-4000萬。

（1）凸出牆面的大小窗台，成為建築外觀一個趣味性的景致。
（2）一樓大廳牆面用鐵窗改造成一個風格獨具的架子。

2

3

(3)～(5)二樓「樹桌」概念的起居間，這個突出建築的桌面，與外面的老樹與老街相呼應，而旁邊樓梯間的鏡面設計，則也呼應這個主體，將戶外的樹影反射近來。

5

4

Q：回收老宅的注意事項，遇到困難時如何解決？

A：除了營建的章法之外，這棟建築不像一般旅店會有標準的規格，所以翻修每個房間的工法上是無法複製的。另外，因為每個房間都設定了不一樣的主題，因此光是思考與施工就也有不一樣的問題。而且這棟建築已經是一棟荒廢的建築，停業兩年多，因此要重新使用時，也必須跟鄰居再次做好溝通。

案討論中，台南大億麗緻酒店總經理蘇國垚也加入了這個計劃，在這位飯店經營達人的建議下，終於決定以一個設計旅店的概念，邀請藝術家與設計師一起重新打造這個建築空間。

與大樹對話的建築

主建築體設計上，劉國滄的概念圍繞在兩大主題上：環保與環境的再利用，也就是保留原本的老建築物，取材自環境中的靈感。台南在從前是富裕的城市，大家都是自己蓋房子，像是窗戶就是隨自己喜愛的形式，沒有大量製作的產品。蘇國垚有次早上散步街頭，發現台南每個窗戶都不一樣，於是他跟劉國滄提議：「我們來弄個窗屋好了。」而這也就成爲佳佳旅店外觀的創意來源，各樣不同大小的窗戶突出於建築之外，像是裝置藝術的意象，也是自建築之外延伸出一種想像的空間。

建築側面樓梯間整個打開成透明的設計，則是希望建築體與戶外的百年大榕樹可以產生對話。在二樓至三樓樓梯間的鏡面設計，由日本設計師藤本壯介所作，二〇一〇年代表日本館參展威尼斯建築雙年展的這位新一代建築師，他將樓梯間的牆面打掉，換成玻璃牆面，希望能把光透進來，再用鏡面鋼的設計，反射出樹木的意象，將它帶進室內，恍如在樹梢上走路的感覺，並且讓空間反射出充滿變化與虛幻不定的奇妙感觸。

不僅僅與戶外的自然環境呼應，建築內部也企圖營造自然的空氣流動感，建築中間有幾個挑高的天井，是做爲空氣循環而設計，讓建築內不要有老舊的沉滯氣味，氣體可以自然地在空間中流動。並且也爲了紀念在佳佳旅店建立前此處曾經矗立的一棵大樹，他們邀請原住民藝術家「拉黑子・達利夫」在天井處，以漂流木創作〈露水〉作品來紀念這段故事，也讓參觀者可以近距離地感受到樹木的氣息。

「做這個旅館的理由，就是希望文化、創意和旅館連結，而這個旅館的最重要任務，就是成爲這樣的一個平台。」在眾人的理想之下，佳佳旅店希望被打造成一個台南對外發聲的點，讓來台南玩的人的旅遊選擇不僅僅是走馬看花地逛古蹟，而是能更深度地瞭解歷史文化與在地生活。

因此基於旅店房間數不多，除了建築與空間本身的設計特色做爲訴求之外，他們決定以套裝旅遊的方式，邀請《慢食府城》作家王浩一參與計畫，爲旅客規劃府城深度旅行，策畫了十種玩樂台南的旅遊主題，在此旅店提供的不僅僅是住宿而已，而是讓文化旅遊的情境可以從每間客房延續到外面，包括整個旅遊行程裡。

而這些獨具故事情境的房間風格，第一波的「記憶非家」就是與深度文化旅遊行程呼應的十個主題房間，像是講述昔日府城經濟重要的五條港故事的「水巷船房」、以旅店旁的西市場布莊爲設計精神的「紅娘布房」，或是述說台灣府城最早書苑故事的「崇文書房」……，這些客房的主題設計，讓旅客能從早到晚完全沉浸在深度的文化體驗裡。第二波的主題則將在二〇一一年夏天啓動，邀請包括蔡明亮、李康生、龐銚等包括電影導演、演員、音樂家、主持人、藝評、產品設計師等十二位創意人參與主題設計，將在旅店中舉辦展覽，而之後的設計也將成爲旅店的新主題房。

5

（5）故事主題的房間之外，其他樓層的房間則是「邂逅原型」，簡單素雅的設計提供的是絕對的舒適度。

Q：請問挑選了哪些物件作為店家風格塑造？

A：在公共空間與房間中，許多國內外設計師家具被帶進這個創意平台，包括劉國滄的概念家具、泰國設計師Anon的鋁合金鑄造家具、有情門家具……，設計師的選擇並非是國際知名的大品牌，而是與佳佳的理念契合，提供旅客一個感受設計的機會。另外，還有一些是鄰居餽贈的舊家具、老電視櫃，與當代設計並列產生一種耐人尋味的衝突感。

(6)～(8)二樓的起居室，與頂樓的「水塔下派對區」，爲入住者添加了更多的活動空間與功能，而各樣藝術家設計的特色家具，自然是空間中的主角。

6

8

7

老靈魂逝去，但我們為它造新的。

II

活化老宅 7 Tips
讓老的東西活過來

TEXT／李佳芳

城市樓陣的夾縫中，老房子挺著頑固的骨頭，是令人尊敬而可愛的存在。

大興土木的都市更新年代，藍圖上一塊塊待「重塑」的區域，剷平一批又一批過時的建築；不知什麼時候（也幸好），它們被計劃所遺落，等待拆除的日子一天天過去，就這麼留了下來，風霜的表面寫滿城市的「曾經」，我認為，它們是尚未被歸屬的文化財。

也感謝古早年代未積極徹底的工業化，這些老建築保有品味甚好的手工感，素人工匠的創意處處可見，難得的透天式建築走進一瞧，往往還有洞天：內庭、天井、閣樓、窄梯……等，煞是有意思。或許是喜歡老房子的歲月感，或許是街坊的人情豐富夠味，近年有不少老房子的擁護者實際進入並使用這些被遺忘許久的場所，他們所引發的效應卻不只是一個空間的活用，而是為止水般的街廓，投入小小的活源，並漣漪式地擴散著。

在這次的採訪中，我們徹底明白「喚醒老靈魂」從來是老房子再利用的美麗迷思，隱藏在老空間活化背後的意義，不在於復舊，而是讓老空間能跟著現代生活走，同時也是另一種推動老城區向前邁進的方式。

打破「現代化」之於「築起玻璃帷幕大樓」的慣性等號，找到現代化存在於老建築的任何可能後，我們就能在拆除與棄置的選擇題中創造出新的解答。而同時，這些再利用的案例不禁讓我們反省現行的古蹟保護制度——兀自獨存的龐大雕塑群，顯少與當代脈動——我們是否太過低估並剝奪了老建築的活力？

建築是生活的殼，而人是它的靈魂；若你找到命定的那幢老宅，別忘了給它一點你生命的光，它就會不悖辜負，活出第二個精彩。

老屋再利用並非完全復舊，而是要融入當代的價值。

學界合作 Tip 01

活化可以是都市更新與再發展的另類選擇

古都保存再生文教基金會

城市的活力來自空間所蘊含的能量，如何讓老城市保持活躍、如何塑造文化風貌，展現城市競爭力？推動「老屋欣力」的財團法人古都保存再生文教基金會認爲，老房子再利用是城市累積文化與創新文化的重要途徑之一。避免大量閒置的老宅剝奪街道生息，讓老空間適應當代生活，產生具有深度與創意的多元價值；對城市而言，這也是較有魅力的更新方式。 text：李佳芳　photo：古都保存再生文教基金會

古都保存再生文教基金會
副執行長　顏世樺

以建築學專業背景投入文化公益事業，曾參與多處古蹟及歷史建築之調查與再利用設計，現於台南地區幾所大專院校相關科系兼職任教。參與基金會歷史街區與聚落保存研究與再生規劃，並積極籌劃與推動社會大眾及在學學生的教育推廣工作。期待培育更多未來的空間專業者擴大視野，關心生活環境與文化內涵，並成爲文化公益的種子。

上／台南Bing Cherry Hair Salon，找到有意思的經營方式也是「老屋欣力」所要鼓勵的項目之一。
下／2010聖誕節前夕，老屋欣力於溫室烘焙舉辦「老屋之夜講堂」親子聖誕蛋糕裝飾活動。

Stay Alive 老宅「RE-DESIGN」怎麼做？

❶改造老宅往往費工耗時，除非經費充裕，多數室內設計師不願意承接，自行改造若擔心專業問題，可先找專家諮詢，診斷有沒有結構與漏水問題，並確認哪些是立即需要補強改善的。❷老屋的構造型式不盡相同，有些牆壁是磚砌的、有些是混凝土造的，有些有結構作用、也些則沒有，改造上需謹慎。❸法規上，老屋活化做為住宅使用等私人使用較無問題，若作為商業或公共使用最好能申請執照，並注意消防與逃生安全。另外像是民宿、酒吧等有特殊規定的使用，更須多加注意。❹老屋改造不需要一味復古，能與當代結合才是長久之計。❺政府可以訂定老屋再利用的相關配套法令，合理管理。同時也可以用修繕補貼、租金補助或優惠貸款等方式，鼓勵老屋再利用。

不可否認，地產廣告上強打的「都更示範區」幾乎成了現今台灣都市計劃的顯學；然而，所謂都市該是一切嶄新向榮，呈現高度科技、高度現代化的樣貌？在台灣有許多老城區，如台北的大稻埕、雲林的西螺、台南的安平等，這些擁有大量老宅的聚落難道只能閒置，並等待拆除重建？老宅不死，只是凋零！古都基金會認爲活化讓老宅找到第二春，更有可能成爲都市更新以外可以考慮的發展策略。

「台灣現行的都市與建築相關法規範一直把注意力放在討論新的建築，但對於老房子卻束手無策！同時，我們希望透過活動尋找在都市更新之外，另一條可以選擇的道路。」古都基金會副執行長顏世樺說，舉辦「老屋欣力」活動的原因在於透過發掘與引介具有啓發的老房子再利用案例，以做爲鼓勵老屋再利用的活範本，並藉由這樣的波潮去推動現行建築法規與城市更新反思，讓台灣的環境價值思考上，除了崇「新」之外，也考「舊」。

從二〇〇八年的「老屋欣力」，古都基金會蒐集了十九個點，泰半是在台南已經營有年的私有老屋再利用空間，如奉茶、窄門、赤崁擔仔麵等。到了二〇一〇年，選入的二十二個據點就幾乎是短短一年內出現的，而在活動結束後的半年期間（二〇一一年三月至七月），台南又陸續增加三十多個活化空間。單從數據上，就可以感受老屋活化的觀念逐漸地開枝散葉。

此外，古都基金會對於空間專業教育、歷史空間研究與再利用的培育更是格外關注，藉由爲空間設計與影片製作相關科系的在學學生舉辦「校園欣力」創意競賽，讓老屋活化的種子植入下一代專業者的養成之中，以豐富學習與思考面向。藉由民間自發性的保存運動，古都基金會希望提醒社會大眾重新思考老房子的角色與定位，同時也希望老屋除了做爲商業經營、藝文展演、工作室等用途之外，也會有越來越多人能夠「住進老房子裡」。

Interview ×

顏世樺（古都保存再生文教基金會副執行長）

Q **改造老屋經常面臨的問題是什麼**？

A 對老房子的構造與結構問題認識有限是老屋改造者必須面臨的嚴肅課題。不只是台灣空間專業教育較少關注舊建築物的整建議題，以致相關專業服務與諮詢取得不易；二來是多數使用者將老屋改造視爲「裝潢」或「藝術創作」，把老房子再利用的重點放在空間氣氛的表現，像是拆除樓地板、修改隔間牆壁，或者修改門窗等做法，都有可能讓房子的結構產生不良影響。這些或許不會產生立即危險，但不代表日後也沒問題。認清房子本身在改造上的限制，什麼能做、什麼不能做？使用者必須格外小心謹慎，盡可能尋求專業協助與意見。

Q 老屋再利用面臨的法規問題？

A 在民國六十年實施建築管理前的房子，除非後來依法申請核發使用執照，幾乎沒有合法建築執照；除非後來依法申請核發使用執照。因此，老房子裝修後要作爲營業或其他公共用途，在申請登記與合法使用上就困難重重。老房子先天在現行的消防、結構等相關法令下，很難符合規定與各種檢查。若要透過修建的方式來滿足法令要求，一般而言花費很高，技術上也有一定的困難度。另一個必須面臨的是土地使用的限制，例如民宿就有其相關規定，都市計畫地區一般而言是不得設立的。

Q 「老屋欣力」運動想鼓勵哪一種活化方式？

A 「老屋欣力」是爲了讓人們看見老房子保存與再利用的多元價值，有些人在意原汁原味的保存，有些人在意新空間表現，或是有的空間很有故事、很有想法，有的則找到很有意思的經營模式……。無論從設計、經營、服務、故事等各面向著手，老屋活化有很多方式，重點在於「好生活」的營造與想像，如何發掘老房子在現代生活中的更多可能。所以，當一棟老屋活化並獲得口碑之後，要當心不要落入模仿與複製的路子。

Q 老屋活化的風格多元，什麼才是有意思的設計？

A 一般人提到老房子活化，很多時候會聯想到懷舊、復古，或是對「鄉愁」的滿足。其實，復舊式的營造從不是「老屋欣力」關注的焦點，因爲那並非反應當下生活環境的眞實面，也會造成「歷史感」的錯亂。我們期待的老屋再利用，不是完全的復舊，而是找到對老房子的感動與連結。同時也能呈現新舊對話的空間美學，並且創造出當代的價值。

Q 推行「老屋欣力」的最終目標是什麼？

A 老房子再利用表面上是建築物的整建，但左／台南Bing Cherry Hair Salon，「老屋欣力」可以看成對好生活的追求，以及好人的大集合！

是從「老屋欣力」的經驗來看卻是包含了人、生活，與環境的對話與經營。因此，「老屋欣力」可以看成對「好生活」的追求，以及「好人」的集合！此外，當老屋保存再利用成爲城市的重要特色，不只歷史文化得以延續、累積，也可以爲城市找到競爭的重要資本。

Q 老屋再利用在都市發展中扮演何種角色？

A 如同建築法規，現行的都市計劃也是在「現代城市」的架構中思考。對於老舊城區來說，「更新」、「重劃」成了消除窳陋與進步發展的手段，對老屋保存再利用並沒有任何鼓勵或協助。此外，都市中發展較早的地區往往也是商業使用的「精華地段」，間接造成屋主放著等增值的心態，讓老屋大量閒置，使老城區逐漸蕭條。古都基金會認爲，政府可以重新檢討都市計畫制訂的目標與方向，調整土地使用的型態，並以租金補助、修繕補貼或優惠貸款等方式，鼓勵老屋持續使用。在舊房子的「閒置」與「重建」之外，提供都市活化的其他想像。

Q 對新建築而言，老屋活化具有什麼啟示？

A 時間很公平，會在每一棟建築發生作用，但不見得都能讓每一棟建築物成爲產生情感的「老房子」。日治時期的傳統街屋值得保留，而民國七十年代搶建的販厝公寓值得保留嗎？當代的時尚豪宅呢？老房子保留的關鍵在於建築本身是否具有價值，或許是工匠技藝、地方風格、樣式特徵……等。如果新建築在設計建造時能有「這棟建築在五十年後是不是能被當成很棒的老房子好好地保留下來」這樣的想法，就能爲城市塑造獨特且具在地性的風貌與特色。

Q 對於老屋改造，基金會能提供什麼樣的協助？

A 目前基金會已建置「老屋欣力」網路平台，未來將提供全台老屋再利用案例蒐集整理、特色遊程規劃、老屋資訊交流等內容。另外，網站內也會提供觀念與經驗分享、再利用知識、老屋診斷等介紹與服務，希望提供給想經營老屋的人能夠獲得初步的資訊與媒合服務，若進一步想得到個別老屋的改造評估與建議，也可以協助提供管道，降低一般民眾踏入老宅再利用的門檻。

房子本身很美好的話，
那就盡可能地保留它的美好。

成立單位　Tip 02

老房子裡的小旅行

風尚旅行社＋老房子事務所

「旅行有三個層次，在觀光、深度旅遊之後，就是生活了。」出生宜蘭的游智維因為在台南念學而愛上這個城市，一待就是二十年，現為「資深台南人」的他，不但把旅行帶進了老房子，更要磨亮台灣老傳統的新價值，讓老宅、老物、老生活變成一場新的、屬於在地的漫遊之旅。

text：李佳芳　photo：風尚旅行社＋老房子事務所

風尚旅行社＋老房子事務所 負責人 游智維

一九七六年生的台灣宜蘭人，樂觀到極致的瘋狂造夢射手座，期待用旅行改變世界。旅居台南二十年，從二〇〇四年創辦自在嬉遊旅行概念店，二〇〇五年一年辦五十場自助旅行講座，二〇〇八年改造台南謝宅及推動老房子俱樂部的舊建築再生運動，現為風尚旅行社總經理與老房子事務所創辦人。

希望人們在不離開旅館的狀態，就感受到整個城市的生活，是謝宅設計的核心思考。

Stay Alive　老宅「RE-DESIGN」怎麼做？

❶設計者最好與房子共同生活，從實際體驗進行改造。❷有了改造想法不妨實際做出小模型，放到陽光下觀察光線怎麼在空間行進。❸想保留破碎發黑的地磚，可直接鋪上透明的Epoxy環氧樹脂地板，使空間能保持乾淨又能呈現原貌。❹沒有屋頂的老宅也許可以保留坍掉的地方變成有意思的內院。❺巷弄裡的老宅要考慮能夠利他的經營方式，避免擾鄰。

「最好的旅遊方式就是像在這個城市裡過生活。」談老房子活化，游智維的第一句話很離題，卻又有幾分耐人尋味。他解釋，如果睡覺是一張床就能解決的事情，那我們旅行爲什麼還要住在旅店，而不是躺睡袋搭帳篷？「設計旅店之所以大量流行，是因爲我們相信空間可以滿足另一種幻想，是周遊景點之外所沒有的。」

「所以，我們總期待去歐洲可以住古堡、去京都能夠住町屋，而我們去法國，與其說是去旅行，不如說是想去那兒做十天的巴黎人——那麼，在台灣各城市的旅行者，他們又能住在哪裡？當十天道地正港的『台客』？」當有了這個想法，游智維的老同學謝小五剛好從澳洲回到台南，繼承市場裡的老宅；於是，游智維說服小五一起來改造這間老宅，創造一種新的漫遊旅行，將台南的生活介紹給來自各地的旅人。謝宅的定位相當簡單，就是希望旅客能在不離開旅館的狀態，就感受到整個城市的生活，「這樣會比較像當地人住在這邊過生活的樣子。」游智維說。因此，謝宅除了保留過去的氛圍外，也用了很多台南在地老鋪的商品，而所製作旅行地圖也不是一般的觀光景點，而是把推薦的行程縮小，僅介紹旅店　近適合平常吃吃喝喝的小食小鋪，從而勾勒出在地生活的樣貌。「旅行不是到此一遊，我希望住進謝宅的人也愛上這裡的生活，這裡就像他在台南的家，下次他回來的時候，還能去同樣的地方吃飯、散步、曬太陽。」

除了謝宅，同樣的觀點也複製到池上官山旅遊觀光規劃與寶藏巖青年旅館設計案上，游智維讓平凡無奇的稻田有了新價值，成爲感受台灣農耕生活的第一現場；而破舊雜亂的違章建築則將變身成爲具在地風格的設計旅店。他說，老宅事務所的任務不只在改造老宅，更是要讓過去美好的事物呈現眞正的經濟價值。「我希望能在台灣創造更多深層旅行的方式。」這是謝宅一直以來，不變的初衷。

Interview ×

游智維（風尚旅行社＋老房子事務所負責人）

Q——**謝宅如何讓人不離開空間就能感受到台南文化**？

A——「下次會想再回來這裡生活嗎？」這是我們所關切的問題，我們希望過去生活美好的價值能夠被彰顯，謝宅除了保留老空間的氣味，也把很多代表台灣過去生活美好的東西拉進來，謝宅裡用的桌子、椅子或棉被都來自台南老舖，榻榻米、蚊帳、藍白拖鞋、手打棉被等，這些細節都在提醒人們，生活並沒有跟過去脫離太久，只是那些事物暫時從我們的生活中離開而已。

Q 活化謝宅的方式為何？

A ──謝宅的活化工作很有意思，不是由專業設計師，而是請來幾位剛從大學畢業的建築系學生幫忙改造，他們花了兩個多月的時間與老房子相處，一邊在裡面生活、一邊想設計點子，而團隊也不斷丟出各種問題，例如：舊的樓梯太陡，改成旋轉梯會比較好嗎？浴室有可能做露天的嗎？甚至，實際做出小模型，放到陽光下觀察光線怎麼在空間行進，在這樣不斷反覆拉扯的過程，大概花了十個月的時間才完成。

Q 老宅若要做為商業空間需注意些什麼？

A ──如果房子原本就是用來做生意的街屋，活化後做爲商業運用當然沒問題，但很多老宅位處巷弄之中，如果要做改變爲商業用途，可能使小環境的出入分子變複雜，影響鄰居生活，甚至帶來治安問題。巷弄裡的老房子最好的運用方式，還是去住它。老房子要做爲營利空間，首要思考的是這樣的活用方式是純粹利己，能不能有利他的使用方式？舉例來說，爲了活化荒島，日本藝術單位舉辦了賴戶內國際藝術季，除了舉辦活動，主辦單位設法將這些「文化入侵者」轉變爲促進小島經濟活力的能量，提供訊息，鼓勵參訪人光顧當地食堂等，這些都是設法將負面影響轉化爲正面的作法。

Q 你認為活化老宅的大原則是什麼？

A ──房子本身很美好的話，我會盡可能地保留它的美好，甚至只剩下牆的破屋，只要空間的故事動人，也能夠彰顯它的價值。在關渡有一棟老房子──基本上已經不算「房子」，因爲它破得屋頂都不見了，只剩下四面紅磚牆和滿屋子雜草，甚至長出了樹。但屋主依舊捨不得拆，原來這是他的父親靠著割姑婆芋的葉子（通常賣給市場小販包肉包魚）一點一滴存下微薄收入蓋起來的，對他來說，這房子代表對父親懷念與記憶。這兩間破屋，我們只修復其中一棟的屋頂，另一棟坍掉的地方不再補修，讓它開放成房子的內院，讓新的生活進來，同時也保留過去的記憶。

Q 談談寶藏巖青年旅店的改造策略？

A 寶藏巖的房子很多都是退休的老榮民自己蓋的，牆壁很薄、空間很狹小、規劃方式也非常隨性，走進門要彎腰、坐在馬桶上還要小心碰頭，是個不適合居住的地方，在既定的空間模式下創造誘因是第一個挑戰。而風格定位，考慮鄰近的公館是個相當熱鬧的商業區，若採取　似謝宅的懷舊模式可能不恰當，於是以周邊藝術村的環境基礎，決定以「在地的藝術設計創作」來重新整頓空間。

Q 青年旅店如何改造，用了哪些設計元素？

A 由於年久失修，寶藏巖牆面斑駁幾不可能修復，而破碎的地磚也泛出無法刷洗乾淨的黑霉，而我們索性將整個空間原封不動，直接鋪上透明的Epoxy環氧樹脂地板保留原本面貌，並且利用藝術創作在舊空間裡架構新的氛圍。這十六個住宿空間內，我們放置大量藝術與設計元素，並且請本地的藝術家或工藝師進行創作，讓主題能反應在地文化；其中一間「蟻窩」，是由國寶級藝匠在房子裡以藤編出一個像鳥巢一樣的新空間，藉由白蟻、房子、屋主三者角色關係，反應當地原居民、藝術家、旅客、遊客之間，入侵與被入侵的省思議題。

Q 面臨拆遷的老社區如何保存？有哪些方法？

A 有些老社區拆遷不見得是被迫，而是當地居民希望藉此改善環境與治安問題，若保存運動者一味喊口號，卻對當地居民提出的需求視而不見，理念就很難被支持。如果能將心比心，從掃街、拔草做起主動改造環境，才能讓當地居民相信保存是有價值的。當然，請藝術組織進駐是較有號召，且較能取得政府補助的處理方式，非組織的個別運動者也可以募集資金的方式，一口氣將環境整頓好，成爲示範點，並向公部門協商可能的運用方式。對於長期營運，也可向對文創產業有興趣的企業提案接手經營。原則上要避免用抗爭的方式訴求，盡量以正面積極的方式去協調公部門與在地人。

Q 如何促進老房子異業結盟進行活化？

A 多數老宅的擁有者都不是建築師或設計師，也不見得有特殊的改造想法，我覺得擁有者與改造者或許可以用「設計投資」的模式共同經營，例如收取極低的設計費，減低屋主花費門檻，而日後經營所得則部分回饋設計者，可以使屋主與設計者站在同一個角度共同努力，促進老屋改造意願。

用在地藝術創作來改造的寶藏巖青年旅店。

改造老房子的過程就是把空間的精髓提煉出來。

藝術活水 Tip 03

一場無怪手的城市再造運動

加力畫廊

參差不齊、破落零離的街與街屋，一個錯誤的政策決定改變了海安路的命運，卻同時促發另一群人以另一種方式重新召喚街的生命力；海安路與和平街口的破屋以建築藍晒圖的方式透視不復存在生活場景、攀滿綠藤的老建築上掛著三大幅森林主題創作……杜昭賢與衆藝術家們，用藝術活化了老宅與老街，告訴我們一件重要的事：原來，改造城市並不需要怪手與推土機。

text：李佳芳 photo：加力畫廊

加力畫廊
負責人 杜昭賢

出生珠寶商家庭，一九九二年在台南成立「新生態藝術環境」，開始推動以藝術進行老屋活化，為台南海安路藝術造街運動主要推動者。一九九九年，前往美國舊金山藝術大學就讀攝影研究所，歸國後陸續策展各種藝術運動，現為加力畫廊的負責人。

上／空間再塑可以從裝置、景觀、繪畫、攝影及建築等角度切入。
下／新生態藝術環境。

Stay Alive 老宅「RE-DESIGN」怎麼做？

❶改造前可請修復古蹟的專業人士進行牆面清洗，還原建築的本色。❷若要做畫廊使用，空間顏色或用料最好低調，以免過於搶戲。❸容易生粉塵的老磚牆可用沙拉油混合水擦拭。❹可利用口字型的H型鋼框住整個空間進行結構補強。❺處理老房子很麻煩，一定要有耐性、動作要慢，建議下雨天多去看幾次，確認哪裡有漏水需要修補。❻木架結構屋頂必須將爛掉的樑進行抽換。❼地坪若因為歷經很多次裝修變得太破碎，可全部用水泥鋪上來解決問題。

左／藍晒圖被選爲示範點，對日後老屋再造具有鼓舞作用。

從新生態藝術環境到海安路藝術造街，杜昭賢可說是台南老宅運動的「革命先鋒」。其實，早在海安路藝術造街之前，杜昭賢就對老房子產生濃厚的興趣，在藝術中心尚未興盛的年代，她便著手將老宅改造成替代空間，當時轟動南臺灣的「新生態藝術環境」就是她的第一號作品。談起老房子改造，杜昭賢說素人的空間觀跟經過訓練的建築師截然不同，使老房子的想像比較自由，「而我們把當代藝術放進來，各試各樣新媒材在舊空間裡展演，形成有趣的對話。」

目前的據點「加力畫廊」也是閒置空間改造，就在海安路交叉的友愛街內，隔壁是南台大戲院，杜昭賢打趣說，旁邊就是是八大藝術的代表之一。加力畫廊是朋友繼承的房子，最早樓上是住家、樓下是診所，搬遷後租給信用合作社，裡頭還留有當時設置金庫的痕跡。從外面看，一點也感覺不出來加力畫廊內部空間的深長與曲折，極大的空間和兀自一格的小房間、突然乍現的天井等，「這個空間來自兩棟建築，是屋主買下隔壁後自行打通，而建築的後半部則是更後期買下的，並局部增建，整個空間非常具有『搭接』的味道。」

杜昭賢說，以前的人蓋房子比較隨興，常爲了眼下使用方便東敲一點、西挖一點，例如加力畫廊牆上有個令人猜不透的圓洞，詢問之下才知道那是屋主用來放電話的地方，「老房子就是有這種特殊的紋理與質感，甚至讓人看見前人的生活形式。」

Interview × 杜昭賢（加力畫廊負責人）

Q——藝術如何介入海安路改造並產生連鎖效應？

A——海安路藝術造街時期，盧明德、郭英聲、陳順築、陳浚豪、李明則等藝術家都跑來友情跨刀，我們找到海安路上的七處牆面，並在屋主允許下，以裝置、景觀、繪畫、攝影及建築等角度，根據個別空間進行再塑，其中與建築師劉國滄合作的藍晒圖尤其令人印象深刻——它讓人們明白，原來閒置空間可以這樣用！同一時期，古都基金會推動的「老屋欣力」也在發生，於是藍晒圖被選爲老屋再造比賽的示範點，對日後「老宅新店」具有鼓舞作用，使今日海安路周邊有許多延續老空間的餐廳、咖啡館與酒吧，成爲相

當特別的文化消費圈。

Q 改造前一定要做的關鍵步驟是什麼？

A 我對老房子改造的原則是「先減再加」，老房子一到手上，第一件事情就是先把髒汙、破損的地方清除乾淨，如進行牆面與地板清洗，這個動作除了恢復本色外，有時候也能有意外發現。例如手上正在進行的民權路二段老宅改造，爲舊時百貨行，從正面看來是鄰街的騎樓式洋房，裡頭卻別有洞天，是有中庭的合院建築；破舊的空間經清理後，發現一樓牆面留著當時販售寢具的廣告詞、二樓的門眉上有洋行老闆的自勵標語（成功是最好的復仇），木地板洗除厚厚的灰塵，底下的漆也很有意思，是星星標誌，爲美軍俱樂部時期留下來的痕跡；只可惜，一樓磁磚過去使用瀝青做爲黏著劑，汙黑無法完全洗除，必須另外思考替代方案。

Q 老宅的空間結構如何進行補強？

A 老房子體質脆弱，加上本身所蘊含的故事，整復時我會盡量維持原結構與格局，但因爲老房子可能易手多次，積累的增建或拆除都可能影響結構，若要做爲公共空間使用，改造前請專家進行結構評估是必要的。加力畫廊的狀況即是如此。前屋主爲了將連棟街屋打通使用，所拆除的隔戶牆其實是承重牆，在成大地震系教授評估下，必須在一、二、三樓原隔戶牆處，以口字型的H型鋼框住整個空間進行補強；而部分對外窗也以口字型鐵框強化，避免門框因壓力變形。

Q 改造老宅一定要委託設計師嗎？

A 我很少委託設計師來整理老宅，改造時我都以日後使用角度去思考該添加哪些設計，例如畫廊經常舉辦開幕酒會，於是二樓加上吧台，而爲了保護作品某些開放格局需要加上門，區隔室內室外；我會遵照老房子原本的形式改造，並且避免太多設計破壞基本結構。自己進行裝修的好處就是自己可以控制效果，現場的東西不會被遮掩或破壞掉。有時候拆開一道牆，可能會發現砌牆的方式相當有趣，這東西是建築的歷史，若用玻璃裱框起來，就變成房子自己的創作。若是按圖施工，這些東西很可能一股腦被拆掉或掩蓋掉了。

Q 素人想改造老宅的話，可否提供經驗談？

A 每個人對於改造老房子的看法與喜好不同，改造的花費也因此多寡差距甚大，哪些錢該花、哪些錢不該花，需要經驗的累積。早期做新生態時，我花了太多預算鋪實木地板，現在想想，其實原本的磨石子狀況不錯，直接保留就很好了。不用材料去「包裝」空間是我比較偏愛的作法。

Q 你怎麼判斷哪些老房子是有潛力的？

A 我最在意的是整個房子的空間感跟動線，如果老房子已經破舊到無法整修，也不需要太刻意進行活化，但如果房子本身的空間是有趣的，例如有特別的中庭、很漂亮的窗，或是結構很有趣、與周邊環境的對話性，都會影響判斷老屋是否具有改造的潛質。

Q 想保留老磚牆該怎麼做？

A 古早的磚牆斑駁質樸的感覺相當好，有時候會讓人想故意要留一道下來，但時間久了容易生粉塵，如果想要保留這樣的質感，可使用透明保護漆，唯表面會為違和的光澤感，建議可用沙拉油混合水擦拭，保留古舊溫潤的感覺。

Q 老房子的水電問題該如何解決？

A 水電問題可請專業的水電師傅檢修，首先我會請師傅先灌水測試水管是否暢通，而老舊的管線我一般會採用外加的方式，也就是以明管建立第二套系統取代原本的管線，廢棄的管線不拆除也無所謂，留著當時水龍頭的痕跡可能也很有趣。

新生態藝術環境，當代藝術和舊空間，兩者形成有趣的對話。

古厝的活化是讓文化可以跟著生活並進。

小鎮文創 Tip 04

繞著生活開發小鎮亮點

小鎮文創有限公司

台灣的小鎮正在凋零中，由於產業沒落、人口外移，小鎮迷人的文化逐漸掩埋在頹圮的建築裡，檳榔樹破壞了山野、超商取代了小攤商，而何培鈞將百年老厝打造成風格迷人的民宿後，著手改造周遭廢棄的老旅店、山間的鐵皮屋，成爲生活旅行的迷人景點，並成立「小鎮文創」公司，挖掘百年老店的故事，努力保存土地的價值。text：李佳芳 photo：小鎮文創有限公司

小鎮文創有限公司
負責人 何培鈞

民國六十八年生，南投水里人，二十六歲退役後即上竹山，改造百年老厝，並經營民宿「天空的院子」，主動挖掘小鎮亮點，並協助成立「上山閱讀」、「鞍境家背包旅店」、「飽島」、「幸福腳步便當」，推動小鎮旅遊經濟，二〇一一年更成立小鎮文創公司，與在地百年老店合作設計新商品，推動在地文創。

天空的院子除了改造老厝外，也包括活化周邊環境：
減少檳榔樹、鼓勵種植草皮、修復古道等，讓整體環境跟著提升。

Stay Alive 天空的院子「RE-DESIGN」怎麼做？

❶使用新素材時可先小批購買，試擺一段時間看看，確認協調後再施工。❷整修的預算評估至少要有一名有工程概念的專家參與，整合結構、水電、木工、屋瓦等各種工班，並計算改造費用。❸古厝的電線可用「礙子」沿著屋樑進入每個房間。❹粗糠泥牆的塗料必須添入漿糊才有足夠力道抓牢纖維，以免乾燥後裂開。❺廢棄老屋會有不少棲息的蛇，要注意將周邊的蛇洞用水泥補起來。❻改造老宅前要先徹底了解它，不妨帶睡袋在那邊住一段時間。

何培鈞，是一個充滿熱情的年輕人，二十六歲獨自上山整理古厝，將頹圮的老屋改造成具有古韻的民宿，不像一般人在成功後就開始擴建或開分館，何培鈞注意到的是，能不能讓整個小鎮也活起來？

當「天空的院子」變成小鎮經濟的示範點後，何培鈞看到附近閒置的舊山莊、鐵皮屋，不禁想：它們是不是能再利用。由於本身是管理科系畢業，他騎著摩托車帶著企劃書，四處拜訪老宅主人，不厭其煩地說明可實行的改造方式。雖然大部分的屋主都拒絕了提案，但所幸也找到幾個願意共同努力的夥伴，例如飄浮在雲海間的咖啡館「上山閱讀」、「鞍境家背包旅店」、「飽島」、「幸福腳步便當」等。

其中的「鞍境家」，其舊址曾是竹山最高級的旅館，在當年還不流行套房時，每個房間就已經配有獨立衛浴，但在今日這樣的旅店已稱不上高級，何培鈞逆向思考：「那爲什麼不改成當地最便宜的旅店呢？」主打便宜優先的背包客族群，他開始如何讓經營成本降到最低，設計方便拆裝的床單讓房客自己更換，讓整間旅店只要1．5個人力就能經營，這才說服屋主加入活化行列。

何培鈞說：「我的工作比較像是去表達不一樣的事情，」把荒廢的鐵皮屋改造成山上的咖啡館、把一個山莊改成背包客的旅館，「因爲是橫向的發展，對我們說每個合作都是第一次的嘗試。」他讓小鎮旅遊「食」、「住」、「遊」的三大元素完整起來，成爲一個旅遊生活圈。

去年，何培鈞將想法歸納，成立小鎮文創公司，把他在山上「練功」的經驗拉到竹山鎮，要爲百年老店說故事，何培鈞說常常有人問他，台灣鄉鎮的文化創意發展可以如何開始？他的答案總是：「先從喜歡自己的故鄉開始吧！」

Interview ×
何培鈞（小鎮文創有限公司負責人）

Q——**從一個點出發，如何活化整個村落**？

A——天空的院子上軌道後，我們積極幫大鞍村修復具有四十年歷史的古道，並說服　近的地主少種植檳榔樹，改種綠草，使民宿遊客有賞玩野餐的地方，在說服的同時，我們也提出具體的營運數字，證明種綠草的經濟效益比種檳榔好，讓這些地主更有意願參與環境改善。此外，院子的所得也會部分回饋社區修繕。

Q 該怎麼擬改造企劃書？

A 我本身是唸醫療管理科，因此有些管理知識背景，當我寫企劃書給每個閒置空間的主人時，會依照空間的性質重新定位，首先會避免同質性太高，以免導致惡性競爭、分散主人獲利，提案者必須顧慮屋主的不安，盡可能詳細寫出改造方式、費用、營運計畫、損益表等，甚至依照每個主人的狀況，小鎮文創也可以資金合作方式提供協助。

Q 小鎮旅遊如何改善在地經濟？

A 當這裡只有院子的時候，周邊並沒有其他可供吃或遊地景點，我們除了提案合作成立「飽島小鎮故事館」、「幸福腳步便當」，餐館的文宣或部落格也經常介紹　近農家種植有機水果、茶的故事，讓在地的人情爲在地的特產說故事。

Q 有宣傳、推動小鎮旅遊的特別單位嗎？

A 除了運用網路、部落格介紹外，我們有一個很特別的單位「大鞍山城旅遊中心」，它不只提供在地旅遊資訊，同時也能爲想來這裡玩、卻不知該怎麼開始的旅客設計客製化行程，甚至有旅客希望來這裡玩能夠免費住宿，我們也能爲他找到可掛單的廟宇過夜。

Q 小鎮文創怎麼成立？如何進行竹山鎮的活化？

A 小鎮文創是參加「經濟部中小企業創新研發計畫」遴選勝出，而有了營運資金補助而成立，目的已不是進行老宅改造，而是以活化小鎮爲目標。小鎮藏有著許多動人的故事，我們的工作在於如何把這些「散落在底層的珍珠」整合、集結、串聯起來。例如我們找出在鎮上一家傳承三代的打鐵店，爲他們寫故事、並列入小鎮旅遊的一環，讓來這裡玩的遊客能夠到那邊走走逛逛，而打鐵店也專門設計有趣的情侶戒，讓喜歡的年輕人可以買回去紀念——誰說文創產業只有設計公司能做呢？只要找出小鎮特色，說它的故事，這樣的模式可以在任何鄉鎮複製。

Q 修繕老厝應該有什麼樣的前置準備？

A 古厝儘管頹圮，但卻有生命的建築物，有自己的脾氣與性格，必須要先認識它、了解他，再來設計它。在設計天空的院子前，我花光僅有的積蓄，買了兩個睡袋，和哥哥兩人在這裡「露營」了兩個月，觀察這邊的氣候和房子的關係，每天天還沒有亮之前就先打開窗戶，看太陽從哪邊出來、光線怎麼進來，風怎麼在房子內流動，在這之中你會發現房子本身有哪些優點可以被保留，有哪些缺點要被改進，這些紀錄很可能都會影響日後挑選建材的考量。

Q 古厝翻修如何掌握預算？

A 古厝整修的預算評估至少要有一名有工程概念的專家參與，了解結構、水電、木工、屋瓦等各種不同工班，在購屋之前即可讓各種不同工種先行評估，如：屋頂是否重鋪瓦片即可，還是必須全面翻新；水電管路可以怎麼施作、周邊環境該怎麼整地……等，就能明確知道結構的損毀程度、是否有被修復的可能；同時也能估算出活化所需要的基本金額。

Q 如何判斷何處應該採用修復工法或重建工法？

A 原汁原味修復歷史建築固然是一種高超的技術呈現，卻可能不利於現代生活；文化的保存不只是把房子修回去原本的面貌，加入現代化設備可以讓現代人沒有阻礙地住進來，又能體驗到百年的情境，這是我認爲修復古厝，要跟不要之間的取捨，是最關鍵的地方。

Q 牆體如何翻修？

A 許多老厝牆壁用的是粗糠、竹條混和泥土製成，古法施工時是整面牆放在地上編好後才立起來組裝，因此針對破損處進行修補，修補材除了混合批土、石灰外，必須調入白漿糊，才能避免乾燥後龜裂。而支撐結構的木柱與麻竹則用齒輪一根根拋過，顯露出房子原本質地的面貌。

Q 建材老新相容問題如何克服？

A 新素材介入可能會改變老屋本身的「氣氛」，單一素材看起來搭配，鋪設後整體感覺全然不同的狀況經常發生，建議在選素材時，先小批購進行試鋪，多看幾次是否感覺和諧再進行大批採購與施工。例如屋頂面積很大，若使用台灣琉璃瓦則過於亮麗，容易心情浮躁，採用褐色深沉的日本文化瓦較「耐看」，並能柔化雨水打落的聲音——這個需求也是在這裡露營兩個月得來的心得。

Q 現代水電設備如何走入古厝？

A 古厝的地坪如果爲泥土地，可直接挖開佈管，不過當管路與設備接續之處，因不像新建築可以重新砌牆把管線埋進去，若不想打掉古厝原本的牆面，則必須設計管線形狀，如熱水管，必須在牆壁上打洞，將熱水管燒成U型管，從室外繞進室內後，室內的水管如何修飾？必須在牆壁上挖淺凹槽，將水管壓入，再打水泥、黏磁磚。設計電路時，有些人會採用壓條，但會破壞整體美觀，建議可採用「礙子」，它可在木樑上定位，讓電線有纏繞點，將電牽入每個房間。很多工作，在傳統跟現代之間會有衝突，有時候爲了思考解決方式，可能要停工，直到找到對的方式。

天空的院子屋瓦全部翻新，採用可以柔化雨水聲響的日本文化瓦。

改造老宅就是將原本城市裡負面的點，變成新的都市空間。

風格設計 Tip 05

建築到城市跨世代活用

打開聯合設計工作室

也許，可以用另一種觀點看「改造」這件事情。結束上一代生命歷程的老屋，或許在下一個世代不再用「房子」的角色說話，在建築師劉國滄的眼裡，它可以變成一座公園、可以成為另　的街道記憶裝置，在現代生活裡，以更自由自在的方式呈現。

text：李佳芳　photo：打開聯合設計工作室

打開聯合設計工作室
主持人　劉國滄

成功大學建築碩士，現為樹德科技大學室設系專任講師、成功大學建築系兼任講師，同時為「打開聯合工作室」主持人，活躍於建築、藝術兩大領域，曾參展亞洲雙年展、法國Dieppe展、深圳雙年展，主要建築作品在台南，有：台南誠品、安平樹屋舨碼頭漁民倉庫、安平舢舨碼頭漁民倉庫、安平路藝術造街等。

安平樹屋原本建築已被榕樹佔領，樹與屋長期共生，劉國滄僅做最少量的清除，建立了一座人、屋、樹有趣的三角互動關係。

Stay Alive 老宅「RE-DESIGN」怎麼做？

❶購置前務必清查產權，了解房屋土地的登記狀況，以及是否有日後增建的地方。❷可適當採取鋼構進行安全補強。❸防止漏水可採用「雙層牆」做法。❹改善老房子潮濕狀況，可盡量將非結構部分的牆板打開，通透最大化的空間。❺不堪用的管線盡量抽出，以防加重房子的老化狀況。❻新的管線系統建議採明管有系統地配置。

隨都市經濟快速發展，城市重心轉移、地段價值不再，區域的沒落導致老宅凋零、荒廢；這些建築被遺忘，卻並未消失。它是城市獨特的資產，而它的斑駁掩藏了老一代的記憶。身處古都台南，劉國滄說，在這個都市裡，生活和老房子再利用是同一件事情。而改造老宅的意義是什麼？他說：「是爲了讓它融入新的生活，而且，是屬於年輕人這一代的生活。」

已經結束的建築生命，透過改造，空間又活用了起來，老宅改造使原本這個在城市裡負面的點，變成新的都市空間，甚至賦予促進環境互動的任務。在安平樹屋競圖案中，劉國滄與工作團隊發現，那長期廢棄的德記洋行倉庫，整棟建築已被榕樹佔領，榕樹氣根變成牆的一部分，由攀生變成結構，反倒支撐著頹牆，而穿梭在房子中間的樹枝和茂盛的綠冠則取代了屋頂，樹與屋長期共生，而劉國滄僅做最少量的清除，保留現場環境，並沿著外圍另搭空架，使人可以凌走其上，彷彿遊盪在立體的公園之中，形成人、屋、樹有趣的互動關係。

劉國滄說，改造老房子的方法不一，有的是從地景角度思考，有的則似藝術創作，也有從材料特性著手；每一種都是根據房子的脾氣、性格與屋主需求，視不同狀況而有不同調配。他說，改造老房子是一件很有意思的事情，可以看見世代的差異。「有時候，我們用很新的手法去改造老宅，原本的房東或鄰居都不見得能接受，」例如藍晒圖十分醒目且大膽的用色，或佳佳西市場旅店充滿現代感的新外觀，「這些老宅改造的手法很接近當代藝術，而對一輩子都沒接受過美學訓練的街坊們來說，卻完全沒有接受的困難——是我覺得很有趣的現象！」劉國滄說，「完成後，甚至有很多街坊竟主動來跟我們說：『這房子弄得很漂亮』。」

Interview ×

劉國滄（打開聯合設計工作室主持人）

Q 改造老房子前務必注意的要點有哪些？

A ——老房子年代悠久，曾經住過的人更是不計其數，改造前（或購置前）務必清查產權，了解房屋土地的登記狀況，以及是否有日後增建的地方。此外，若是清朝或日治時期留下來的磚造或木造老屋，一定要注意結構與防水問題。

Q 補強受損結構有什麼祕訣？

A 結構不穩固的老建築，建議可以適當採取鋼構進行安全補強，尤其是建築的二樓樓地板，可在一樓四角採用鋼構支架，如同撐起一張大桌面一樣，輔助原始樑柱系統，無論屋況多糟的建築，都可以使用這種方法來保留原貌。而鋼構的固定點要留意地面基礎或原始地板是否牢固。

Q 如何解決老屋滲漏水問題？

A 一般屋頂邊緣是漏水問題所在，無論是磚造或木構造，建議可採用「雙層牆」做法，即在室內增加一道複牆，讓內牆退縮，避免雨水從上下樓層結構交接處滲漏進來。此外，老房子濕氣較重，在規劃上，我會將非結構部分的牆板打開，讓空間最大化通透，並且讓原本的窗或門恢復功能，以引入空氣對流。

Q 如何改善舊化的水電管線？

A 一般老宅的水電管線破損狀況嚴重，不堪用的管線盡量抽出，以防加重房子的老化狀況。新的管線系統建議採用明管的方式配置，只有經有系統規劃，裸露的管線就不會影響老房子的氣氛，同時具有方便維修的好處。

Q 改造工作最大的困難點是什麼？

A 判斷如何留下最大量的舊東西，是困難之一；但修復的工作越多，所負擔的成本越高，如何在兩者中間取得平衡則是困難之二。

Q 你如何賦予房子不同風格？

A 不是每個老房子都能循著固定模式改造，老屋活化的設計過程，就如同跟老房子對話，每一座房子無論地點、環境、樣式、格局皆不相同，這是與生俱來的立地條件；而曾經扮演的角色、屋況保存、屋主設定往後使用的方式都會影響設計思考。

Q 什麼樣的房子值得被保留？

A 我認爲所有的老房子都應該被保留。城市要繼續進步，就不可能全盤留下舊東西，勢必有些老建築被捨棄、被拆除；但這二十至三十年間，人們已經拆了很多老宅，同時也蓋了很多無用的新房子，曾經提出的「值得被保留的老房子」的說法，在今日立足點已不同，在爲什麼留下前，或許可以想想爲什麼要蓋新的？

右／德記洋行的老倉庫被改造成爲一個立體公園——安平樹屋。

它眞的有益城市未來嗎？

Q 活化老宅為什麼有益城市？

A 個別的老房子改造有其價值，但我更關心老宅在城市發展脈絡所扮演的角色，它隨著都市發展展現不同時期的樣貌，而使每個城市獨一無二。老宅要是閒置，城市便缺乏新的能量注入，而逐漸失去活力，活化老宅的好處是，可以帶入新的生活機能，吸引年輕人入住、爲城市帶來新的移民，使都市常保新鮮與活力。

Q 你對老房子的定義是什麼？

A 有記憶的房子都是老房子。一般的公寓若有很棒的作家住過，也能成爲很有味道的空間，端看我們怎麼跟它去對話。

Q 你覺得台灣有哪些地方具有「老宅力」？

A 五條港、安平、鹿港、北港、艋舺、鹽水等都是城市的發源地，這些地區保留很多風華年代的建築，具有強大的潛力。

梯與橋穿梭在安平屋樹之間，人對環境的感受更加強烈。

有感覺、讓人願意進去的，就是有潛力的老房子！

保留原味 Tip 06

修舊如舊是掌握氣氛的關鍵

鍾永男建築師事務所

人們喜愛老宅，是因爲喜愛裡頭陳年的氣氛，在老宅咖啡館裡，人們啜飲的是歲月釀成的味道，在老宅民宿裡，人們在這一晚住進過去的時空；從花蓮林田山伐木聚落再造工程，到台北二條通・綠島小夜曲，建築師鍾永男爲木造老宅找到遺失的發條鑰匙，塵封在伊人那時的一刻，終於滴答滴答的有了心跳。

text：李佳芳　photo：鍾永男建築師事務所

鍾永男建築師事務所

負責人　鍾永男

代表作品有元培科技大學建築群、嘉義檜意生活村農業精品區建築設計、宏碁集團董事長住宅設計，從早期的林田山林業文化園區的產業聚落的開始，長期投入歷史建築再利用領域，林田山十年來由一片廢墟到目前初具規模。認爲建築應與自然呼應，空間與生活結合。

二條通．綠島小夜曲已經成為木造老宅活化利用的經典範例。

Stay Alive 木造老宅「RE-DESIGN」怎麼做？

❶低矮昏暗的中庭可利用玻璃罩將其轉變充滿光線及綠意的光庭。❷卸除多餘的裝修展露木屋結構，可讓老舊木結構展現原始張力及歷史感。❸拆除原有天花板，顯露屋頂木架，並利用上漆、打燈凸顯結構美感。❹「地板下」是用來隱藏設備與水電管路最好的地方。❺老房子看起來是不是「站得很挺」，可用來判斷整體結構是否安全。❻牆筋最好局部拆開，確認建築原始材料。❼木構造最怕滲漏水，屋頂、外牆必須有防水設計，以徹底斷水。

改造老宅，氣氛的掌握向來是最大的挑戰，建築師鐘永男說：「新和舊中間的氛圍如何掌握是一件不簡單的事情，有時候修過頭，很可能老屋變成一棟『新』房子。」

在綠島小夜曲的再造過程中，鐘永男便格外注意新舊材料的交融，補強結構的鋼柱必須修飾，以免與木料衝突，而新材料則擷取日本傳統建築的木格柵元素，讓新舊材料具有同質性，且在文化意義上有一脈相承的感覺。那麼，該如何掌握究竟有沒有訣竅？他說：「我在思考空間的時候，總是會想什麼是最重要、必須留下來的東西，再去想可以用什麼感覺去詮釋，最後才思考用什麼方法結合新舊。」

不過，老房子怎麼活化才好，而老房子修復到什麼程度才算「修好」並沒有一個明確的定論，「直接把不想看見的封掉或蓋住也算修，但『修得恰不恰當』則是另一個命題。」大方向是，用途決定設計方向，鐘永男說空間的性質會講話，咖啡廳、餐廳或博物館所需要的格局、風格、照明條件絕對不會一樣；修復工作也會依建築結構形式不同而有迴異；例如局部解體可用斜撐補強，危及結構則可加上鋼骨支撐，磚造屋無傷大雅的裂縫用樹脂填縫即可，若是年代久遠的古早房舍，諸如泥塑、彩繪等，還得尋找方法還原古拙之美，達到「修舊如舊」的感覺。幾年前，承攬的林田山伐木聚落再造工程，爲了修復傾頹腐朽的中山堂，複雜的和式結構得由老師傅親自上陣，才搞懂錯綜的粗細木架怎麼構成。

至於，如何判斷使用材料是否融合？鐘永男的方法相當直覺：「看起來不順眼的、留下來會造成障礙的，甚至用起來唐突、不舒服，就是設計出了問題。」

Interview ×

鐘永男（鐘永男建築師事務所負責人）

Q——木構造建築的修復方式有哪些？

A——木構造的組合式建築類型，建築是由立柱、木樑、牆筋等，以釘或榫組合而成，因此修復時，也可以將這些構件解體，抽換腐壞的木樑與柱體；若結構狀態良好，只有單支木樑損壞，甚至不需要額外鋼架支撐就能直接進行抽換。對於結構狀態不佳的建築物，此種修復方式所費不貲，除了解體與抽換木料的費用外，重新組立的過程等於蓋一棟新房子的正常程序，一般多用於古蹟上。對於嚴重損壞的木構造建築，建議採用「第二套結構系統」作法，在舊的柱子旁邊增加一根新的柱子，將承重轉移到新建的結構上，不解體的做法可以保留很多東西，也省去很多工作與費用。

Q　如何判斷建築損毀程度以及該修復的地方？

A　不同於RC（鋼筋混凝土）建築，木造房子多少會有偏斜現象，主要是和木頭會自然變形、龜裂的特性有關，但只要房子看起來還是「站得很挺」就不影響結構安全；若是基礎看起來不均勻、柱子嚴重損壞、卡榫處浸水腐化，使應力承受不平均導致嚴重傾斜，就可能危及結構。木造建築的調查工作可從幾個面向下手：1.倘若為木地板，則可稍微翹開調查裡頭橫木是否腐爛。2.用來支撐瓦片的天花板木架是否有蟲蛀問題。3.木構造最怕水，必須檢查內外牆是否有滲漏水痕跡，而牆筋最好局部拆開，確認建築原始材料。4.門窗損毀狀況。仔細檢查這幾個重點就能夠整理出修復工作。

Q　水電管線如何在老空間裡重新規劃？

A　現代化設備的進入，可讓老宅獲得新的精神與機能。老宅最容易出現的問題就是廁所的空間與設備不符合現代需求，且古早時期沒有冷氣發明，因此建築內外沒有預留壓縮機擺放的位置，甚至有的老屋連基本的水電管線都沒有。由於木造結構的牆壁是先用柱與角材搭建起骨架後，再鋪上板材形成，中空的牆心如同管道間，相當利於水電管線更新。如果是磚造建築或混凝土建築，埋在結構內的管線只能靠敲牆更新，不想破壞建物表面，則可在房子角落做一個管道間；磚造建築也可採明線（管道外露），線路走法只要經妥善安排，就不會太過凌亂。隱藏冷氣空調設備的困難則較高，因量體大，必須做一些遮蔽（如櫃體），但表面設計要避免與建築風格衝突。無論何種建築，我認為「地板下」是用來隱藏設備最好的地方，不過老房子容易藏匿老鼠，一定要注意電線是否用塑膠管包好，以免被囓咬。

Q　老房子改造需注意的相關法規？

A　老宅做為住家是比較沒有問題的，但若要做為咖啡館或店鋪則要注意房子是否年紀老到沒有建照，沒有建照的房子申請使用執照時，很可能會面臨建管單位質疑；此外，老房子若

左／二條通．綠島小夜曲新材料擷取日本傳統建築的木格柵元素，與舊材料在文化意義上一脈相承，而給人和諧的感覺。

不是用防火材料建造，如木構造、泥造等，都可能無法通過消防法規。由於現行都市計劃有明確規定，若想擴建老宅，事前必須查清土地分區管制，建蔽率、容積率是否允許增建，以免變成違章而被強制拆除。

Q 活化老宅最困難的地方？

A 老房子不容易全面了解，除非開始施工，即使再詳盡的事前調查也沒辦法全盤掌握，經常有打開牆壁後，發現損壞程度超出想像的狀況，不僅設計圖得重新思考，甚至原先估計的預算也會有所出入，例如綠島小夜曲在修復時，發現老屋損壞的竹編灰泥牆很有意思，於是不特別修飾，讓這面牆裸露出來，一來可以做爲展示，二來也是很有趣的藝術裝置。

Q 如何選「有潛力」的老房子？

A 不動產的價值最直接關聯的，當然是地點與交通；若撇開外在因素，老宅是否具有「可塑造」的潛力，則與空間格局、保存狀態、建築樣式是否獨特等息息相關。房子有老得很好，也有老得隨隨便便，建築本身若反應某個年代的重要樣式，則讓本身具有代表意義；若曾是名人故居則具有歷史價值，自然某種程度上具有保存價值。人們喜愛老房子爲的是想藉此緬懷舊時氣氛，因此，看不出有些歷史氛圍的老房子，價值（並非售價）也會比較低，總歸一句話——有感覺、讓人願意進去裡頭的就有價值。

城市是華山的大住民，我們要把藝術變成生活的一部分。

跨界經營 Tip 07

華山吸引力來自Good Program Design

華山文創園區

從文建會經營到委託民間機構營運，歷經長久演變，華山不但成功再造荒廢廠區，更將藝術推向城市生活；不凡的概念商店、有趣的設計師商店、空間很有味道的小餐館，琳瑯滿目的趣事匯聚，而這裡幾乎可說是台北城市每日開張的創意大市集，無論早晨黃昏，隨時都可以來在這裡Shopping藝術。

text：李佳芳　photo：華山文創園區

華山文創實業建築師
宋苾璇

中原大學建築學士、台灣科技大學建築碩士、紐約哥倫比亞大學建築與都市設計碩士，為美國LEED綠建築協會認證會員，曾任Mitchell Giurgola Architects, New York、HOK, Shanghai、EDS International 境群國際規劃顧問、黃聲遠建築師事務所。

上／場地租借不僅支持華山收益，同時也帶來人潮共伴效應。下／Easyoga在華山生活概念館中，不只賣商品，也展示瑜珈文化、傳達重視永續樂活的精神。

Stay Alive 華山文創園區「RE-DESIGN」怎麼做？

❶經常有樹長在老建築上的現象，雖然樹根會破壞屋頂防水，但卻是建築的特色之一；建築與樹相生的解答目前還沒找到，但可以在屋頂下設水盤，來解決漏水問題。❷園區離峰跟尖峰的人潮落差很大，對空調是一個挑戰，冷房效果與節能之間如何平衡，牽涉到建材選用是否符合節能永續觀點。❸如果是磚砌建築（尤其是古蹟），由於古早的磚配比與現代不同，較精緻的修復作法是請工廠依照建築原有的磚的配比訂製。❹建築年紀越老歷經的修改與變更也越多，「該修復到什麼程度」變成一件很有意思的事情，例如文建會目前正在修復的磚造樟腦廠，不是修復到最原始的面貌，而是修復到作為建國啤酒廠做為倉庫使用的時期，保留當時變更的痕跡。❺老建物群要重新再利用，複雜度比單棟建築的修復要來得更高，課題不只在單棟建築物內的水電或管路整理，整體園區的系統設計（如排水道設置、物業管理）與建立再利用的規範才是重頭戲。❻建築使用以室內裝修審查能通過的範圍進行調整。

「把整個城市當成是包圍在四周的社區，觀察生活在社區內居民，什麼是他們需要的、什麼是他們欠缺的，而那就是華山的定位。」不同於文建會時期的純藝術定位，身爲推動成員之一，建築師宋苾璇認爲華山以「生活」的角度來處理藝術與環境互動的方式，不只吸引藝術愛好者，而是無論男女老少都能樂在其中、像公園那樣可隨興自遊的場域。

在招商與設計節目的之前，台灣文創首先做的功課是分析台北市曾經發生過的活動與展覽，找出受民眾歡迎的成功案例，做爲華山文創園區設計節目的參考資料，活動往往結合表演、策展與創意市集，如簡單生活節、百戲雜技節、GEISAI TAIWAN、表演藝術接力演等，那多元選擇的文化消費，使得藝術更貼近生活，消彌人們參與的隔閡。

華山文創園區從不以「單一族群」爲目標，而是以「配比」進行整體思考，他們稱這整個過程爲「Program」。走入園區，可以發現空間使用相當多元，有數位化的故宮分館、屬於精英藝術的「名山畫廊」、簡單生活節合作的「Legacy」小型表演場、推廣茶文化的「一間茶屋」，它們清楚分眾卻又同時存在，「有些符合大眾口味，有些走純藝術路線，大型活動則主打混合式，若吸引年輕族群的攤位佔多數，則必須加入適合全家共遊或熟年族群喜愛的節目設計。」這裡的展期與活動規劃以「周」或「月」爲單位，檔期多重交疊，宋苾璇說，時時有新鮮事發生，自然吸引人隨時會想來逛逛；以商業術語來說，這就是華山文創園區「聚客」的秘訣。

Interview × 宋苾璇（華山文創實業建築師）

Q— 面對園區內龐大的建築量體，修復工作如何進行？

A— 華山園區的歷史相當悠久，建築群在不同時期所興建，不僅具有特色、種　繁多，有古蹟、歷史建物、舊建築之分，而這些老房子大多沒有建照與使照，脫離建管體系，處於建築法規的灰色地帶，國內古蹟修復與再利用大多均面臨這樣的困境，而不同的主管機關所認定依從的法規不同，舊建築的標準也許比較寬，但古蹟則必須依古蹟再利用的方式進行修復。在如何將新用途納入老屋子這條路上，我們摸索了很久，除了外觀必要的整理，內部空間的使用盡量以不影響原來建築空間的方式進行，也就是以室內裝修審查能通過的範圍來進行調整；這是在目前法規尚未臻完善時，能較有效率的改善空間品質，又能容納設計師多元創意的方式。

Q 為什麼能吸引這麼多有態度的品牌進駐？

A 我們會希望每一家店的背後都能傳達某個理念／故事，而不是只有單純的販售行爲，並要求進駐店能自發性舉辦展覽或活動，讓消費也具有文化性。因此，華山成爲品牌概念店／風格店的「跨界」集合場，有些品牌將獨立店沒辦法說的、或還沒說完的想法，在這裡傳達；例如Easyoga在華山生活概念館中，以展覽箱展示瑜珈文化、傳達重視永續樂活的精神；老叢茶圃除了宣揚台灣茶藝，還不時舉辦茶藝活動，或以有創意的方式向年輕人招手加入喝茶行列。

Q 園區內集合許多商家，招商時如何進行整合？

A 爲避免分散客群、惡性競爭，我們盡量避免同質性太高的廠商進駐，並以時段、客群、空間使用方式進行討論，例如什麼樣的時段該用什麼樣的訂價方式，這些第一手資訊會提供給廠商，有助於他們了解在這裡的經營定位。

在空間使用上，是我們爲華山製訂一套設計規範，讓整體園區的風格在一致中有不同變化；由於這裡的建築有酒廠、樟腦廠或倉庫，每個空間條件都不一樣，很多時候經營方式、空間風格都是合作夥伴與台灣文創共同談出來的。

Q 活動、招商、修復與新建，這些工作如何協調運作？

A 對台灣文創來說，橫向的連結非常重，舉例來說，現正進行的藤森茶屋計劃，其一的放置地點將在清酒工坊大樓的屋頂，因新空間架設在舊結構之上，必須先計算承重，才能訂出茶屋內可容納的人數，進而思考適合舉辦什麼樣的活動；如果是要高密度使用，例如當做派對場地，那補強工程該怎麼計劃、施工設計、結構補強、使用頻率、人數、節目　型這些都息息相關，必須一來一回地推敲。

Q 在這樣的空間是否引發某些有趣的延伸效應？

A 兩年一辦的「簡單生活節」，主辦單位在過去經驗中發現這樣的活動深受年輕人喜愛，爲了在活動之外繼續效益，主辦團隊便在這裡設立常駐單位「Legacy Taipei傳音樂展演空間」，即使沒有舉辦活動時，也能持續提供來自台灣或國外的音樂團體能有現場表演的場

AL CICCHETTO
Osteria
義麵坊 小酒館
Osteria Al Cicchetto

青葉新樂園
青葉新樂園

右／以時段、客群、空間使用方式進行招商討論與定位，讓每一間店吸引不同族群，使華山更加多元。

地，這是一個從活動昇華成特定空間經營的有趣案例。

Q——如何創造議題，吸引客群上門？

A——一個園區要成功一定要有足夠的養分才能永續，商業收入的基礎是必要的。華山先天條件良好，位在都市鬧區，周邊有商圈與人潮，且大眾交通運輸方便，從文建會經營時期開始，就經常租借場地給廠商與公關公司舉辦活動。廠商的活動不但能吸引特定的市民前來，活動結束後，他們在周邊散步、吃點小食，這些不經意的閒散活動，開拓使用華山文創園區的族群。至今，園區經營仍有百分之五十以上著重於「場地外借」，它除了帶來租金收入，也成爲華山借力使力的優勢，所帶來的人潮比單獨列一年份的廣告預算要來得有效且經濟。

Q——華山經驗能不能被複製？

A——今日華山相對的成功並不單純是園區經營模式的正確，周邊交通的配套、是否有足夠的人潮、公有單位設定的規範是否能鼓勵民間單位進駐代管、城市居民是否需要這樣一個場所……這些是經營者更要去思考的大課題。建築群活化爲園區，並非是把一群老建築整理好就會成功的事情，華山的養成相當漫長，期間伴隨著城市生態與文化消費型態改變，華山經驗可能要在一個高文化熟度的城市才有足夠的養分。

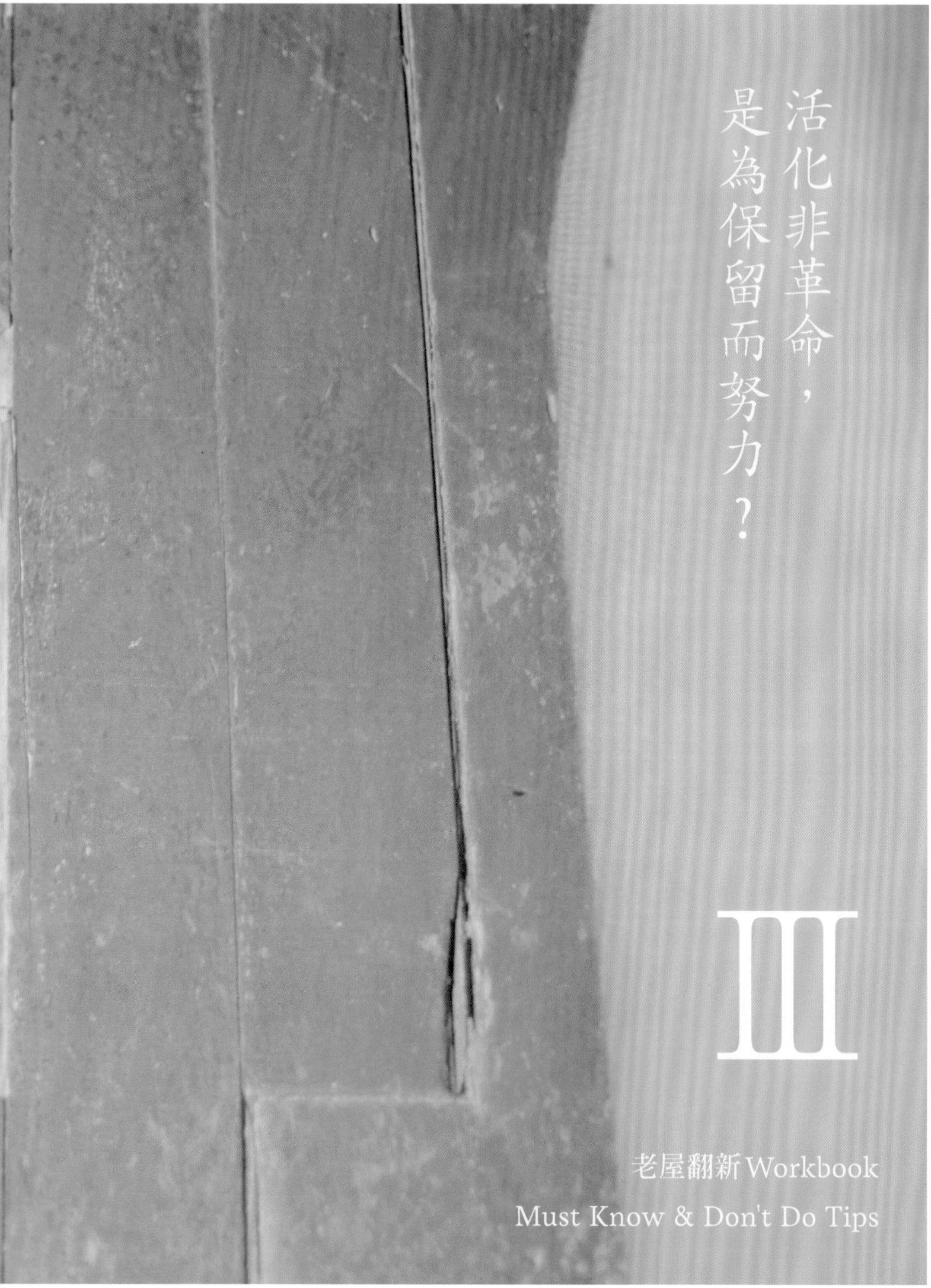

活化非革命，是為保留而努力？

III

老屋翻新Workbook

Must Know & Don't Do Tips

TEXT／李佳芳

什麼才是有潛力的老宅？許多人不約而同說：「空間能不能感動你就是最好的判斷。」

老宅活化不是敲牆拆壁的土木工程，從格局、用料，到建造方式，老屋都有自己的脾氣，改造過頭不但失了味道，同時也壞了根本。我認為，老宅活化必須建立在彼此不勉強彼此的平等與尊重：不勉強老屋改變格局，也千萬不要將就選擇非「真愛」的老屋——這樣你才能為保留喜愛的事物而努力。

大概是看了許多室內裝修的書冊，對於老屋改造的事前想像，很難不往室內裝潢的拉皮工程想去；然而，老屋活化的方式只此一途？我想不盡然。活化老屋是一件很有意思的事情，不少人為老空間帶入新觀念，把舊百貨變成藝廊、把古合院變民宿，或者把老醫院變成工作室，當舊時記憶和正發生的活動在裡頭交錯，空間於是變得很豐富、很引人入勝。

除此之外，越有年紀的老宅所沉積的歷史越厚，整復者究竟要追溯樣貌的哪個時期值得探究；有人捨老就新，也有人將老新交錯成前衛感空間，而有的人索性保留頹圮樣貌，呈現廢墟建築美學；或者，整復到某一時期，把建築的時間停在那一刻。

無論是結構補強、水電管線更新、風格定位，以及可能遇到的各種修補問題，本章節試圖從實務角度切入，集結專家們所提出各種的變通方式，提供讀者了解活化工法的基礎知識，同時打開對於老宅活化的各種想像；也許，改造老房子沒有想像來得難，不是設計師的你也能辦到。

老宅翻新 Step by Step 怎麼做？

A 檢視——發掘有潛力的老房子！

什麼是有意思的空間？簡單來說，就是這房子有沒有感動你的地方。

◯**會説故事** 老宅與中古屋不同，一般認為要經過一代人以上的房子才可稱為老宅，有一定時間的累積，因此使空間有足夠的故事去感動人，此外，老宅若曾是名人故居則具有歷史價值，自然某種程度上具有保存價值。

◯**文化樣式** 房子是否反映某個年代的重要建築樣式，讓老宅更具有保存價值，如日式洋房、日治時期官邸、美軍宿舍、閩式合院、土腳厝……等。

◯**空間趣味** 多數老宅並非建築師設計，而是出自素人工匠之手，因此反映出有趣的格局，如拼搭增建、天井、合院、閣樓等，找老房子的時候不妨觀察空間是否讓人覺得很有意思。

◯**屋況評估** 老宅修繕的支出絕大部分在於結構修復，購買老宅之前最好請專家陪同，先對老宅的體質進行評估，確認屋況是否具有修復可能，結構受損程度也能夠過簡單目測初步判斷，若基礎不均勻、柱子嚴重損壞、嚴重傾斜、牆角有嚴重裂縫等，大多會有結構問題。

◯**確認建材** 有句話說「動工就是問題的開始」，除了磚造、木造，很多老宅是混合木料、米糠、布料等多種材料蓋成，在討論設計之前，牆筋最好局部拆開，確認建築原始材料，才有時間找尋修復的解答。

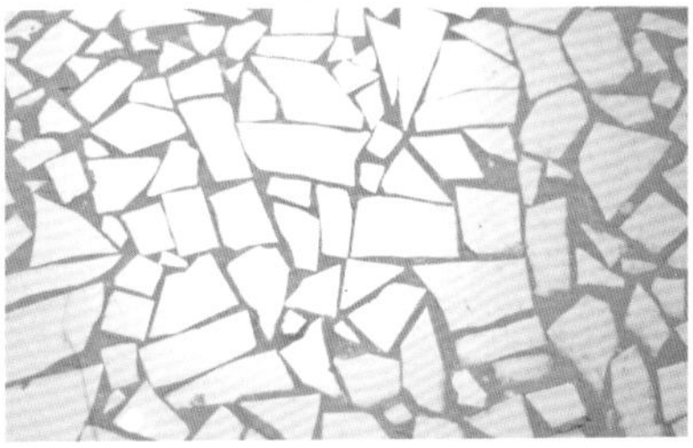

◯**掌握預算** 規模較大的古厝整修，預算評估至少要有一名有工程概念的專家參與，整合結構、水電、木工、屋瓦等各種工班，在購屋之前即可讓各種不同工種先行評估，就能明確知道結構的損毀程度、是否具有被修復的可能；同時也能估算出活化所需要的基本金額。

◯**法規與建照** 老宅歷史悠久，可能易主多次，購置前務必清查產權，了解房屋土地的登記狀況，以及哪部分為增建；若要做為商業用途，則要特別注意是否有建照，若無則可能影響使用執照申請。

B

顯露真貌——袒裎相見，找到房子的優缺點！

嘿！大改特改之前，
不如先找到房子可以保留的地方吧。

◯**觀察** 改造老宅前要先徹底了解，再來進行設計，在不妨帶睡袋在那邊住一段時間，觀察空氣和光線的關係，在這之中可發現哪些優點可以被保留，有哪些缺點要被改進，這些紀錄很可能都會影響日後挑選建材的考量。

◯**清洗** 改造前可請修復古蹟的專業人士進行牆面清洗，還原建築的本色，有時會發現歷史留下的「痕跡」，如有意思的塗鴉、標語或具有特殊紋理的地磚等。

◯**刨新** 木構造部分則可以齒輪刨過，顯露出房子原本質地的面貌，而原本的屋頂木架，只要重新上漆、打燈，不但可凸顯結構美感，同時也能展現原始張力及歷史感。

C

結構補強——設計之前，先固本！

結構不穩固的老建築，適當採取鋼構進行補強是不錯的做法。

◯**抽換補強法** 建築的木構造部分，若結構狀態良好，只有單支木樑損壞，可以直接抽換，有些屋頂木架僅承受瓦片重量，甚至不需要額外鋼架支撐就能直接進行抽換。

◯**不隨便敲打** 許多使用者往往把老宅改造視為裝潢，而任意敲除牆面，但老宅結構脆弱，即使非承重結構也可能影響整體建物的強度，敲除前必先請專家評估，如能善用原有格局進行改造則是較好的選擇。

◯**拆卸組立法** 適於木構造建築，由於木造建築的建築形式是由立柱、木樑、牆筋等，以釘或榫組合而成；同樣地，對於結構狀態不佳的建物，修復時也可以將這些構件一一解體，換掉腐壞的木樑與柱體，再重新組立。唯此修復方式所費不貲，除了解體與抽換木料的費用外，重新組立的過程就等於蓋一棟新的房子，一般多用於古蹟修復。

◯**桌子型補強法** 尤其是建築上層樓地板，可在一樓四角採用鋼構支架，如同撐起一張大桌面一樣，輔助原始樑柱系統，無論屋況多糟的建築，都可以使用這種方法來保留原貌。而鋼構的固定點要留意地面基礎或原始地板是否牢固。

◯**口字型補強法** 隔戶牆往往具承重功能，連棟建築若被打通而不慎拆除，建議可利用口字型的H型鋼在原本牆面位置，框住整個空間，進行結構補強。

◯**第二套結構法** 嚴重損壞的木構造建築，可在重點承重的柱子旁邊，另增加一根新的鋼柱，再以外飾材包覆修飾，如此一來就能將承重任務轉移到新建的結構上，即使不解體抽換，依舊能保留很多東西，也省去很多工作與費用。

D

水電設備——與現代生活共存的關鍵！

讓老房子獲得新機能，汰換水電管線是重要的必修學分。

◯礙子佈線法 完全沒有預埋電線的老厝，一般多採用塑膠壓條佈線，但用量過多則會破壞整體美感，建議可採用「礙子」（高壓電塔上一串串白色磁碗狀物體即為礙子，在中國有生產專為居家空間使用的小型規格），它能隔開電線的絕緣體，以避免電線交叉導電，沿著木樑定位，可使電線有纏繞點，從上空牽入每個房間。

◯第二套系統 如果管線舊化到無法使用，又不想破壞牆面，可以明管方式建立第二套系統取代原本的管線系統，而廢棄的管線不拆除也無所謂，留著當時水龍頭的痕跡可能也很有趣。

◯測試 水電管路埋在牆中的RC或磚造建築，電線一般可直接抽換，較無大礙，但老舊的水管要如何更新是較大的問題；檢修前，不妨先請專業水電師傅先灌水檢測，測試水管是否暢通，再思考哪些必須要進行汰換。

◯地面隱藏法 地板下方是用來隱藏設備最好的地方，只要將地板架高就成了最好的管道間，不過老房子容易藏匿老鼠，一定要注意電線是否用塑膠管包好，以免被嚙咬。此外，若是地面仍為泥地的老厝，也可開挖地面佈管線。

◯系統明管 磚造建築或混凝土建築，埋在結構內的管線只能靠敲牆更新，不想破壞建物表面可採明線（管道外露），線路走法只要經妥善安排，以及系統規劃，裸露的管線就不會影響老房子的氣氛，同時具有方便維修的好處。

◯自造管道間 古早時代沒有冷氣，建築內外自然沒有預留壓縮機擺放的位置，當然也沒有管道間可以走各種管線，如果房間空間夠，不妨在角落找地方做一個管道間，讓凌亂的管線可以隱藏起來，並預留檢修孔方便修繕。

◯訂製水管 完全沒有水電的古厝，因不像新建築可以重新砌牆把管線埋進去，若不想打掉古厝原本的牆面，則必須詳細定位設備位置與牆面開口，並依此設計管線形狀，如將熱水管燒製成U型，使管線可以從牆洞繞進室內，並在牆壁上挖淺凹槽，將水管壓入，經水泥打底、黏磁磚後即完成。

◯吊掛式設計 大範圍空間如果屋樑結構良好，可以訂製金屬架直接吊掛於木樑上，成為局部天花板，不但可用於採光照明或走管道，也能保留原本構造之美。

◯櫃體隱藏法 隱藏冷氣空調設備的難度較高，因量體大，必須做一些遮蔽，設計與房子風格相襯的櫃體，是用來隱藏大型設備的好方法。

◯板牆隱藏法 木造建築的牆壁是先用柱與角材搭建起骨架後，再鋪上板材形成，中空的牆心如同管道間，相當利於水電管線更新。

E

局部修補──牆面、地板、天花版的疑難雜解！

一邊施工、一邊調整設計，有時還得停下來找方法，老宅修復就是「耐心大考驗」。

◯**隔離法** 若壁面已經老舊到無法修補，如嚴重剝落或粉塵等，但又希望能保持原來的樣子，局部牆面有些人會使用透明玻璃裱框，使其成為空間展示裝置，也可利用各種材料隔離，讓人看到原本房屋斑駁的狀況，卻又不至於弄髒自己，如鐵窗、木格柵等，可隨風格發揮創意。

◯**粗糠牆修復法** 許多老厝牆壁用的是粗糠、竹條混和泥土製成，古法施工時是整面牆放在地上編好後才立起來組裝，因此針對破損處進行修補，修補材除了混合批土、石灰外，必須調入白漿糊，才有足夠力道抓牢纖維，才能避免乾燥後龜裂。

◯**磚牆修補** 如果是磚砌建築(尤其是古蹟)，由於古早的磚配比與現代不同，較精緻的修復作法是請工廠依照建築原有的磚的配比訂製。

◯**粉塵防止** 古早磚牆斑駁的感覺相當好，有時候會讓人想故意要留一道下來，但時間久了容易產生粉塵，如果想要保留這樣的質感，若使用透明保護漆，會讓表面產生違和的光澤感，建議可用沙拉油混合水擦拭，保留古舊溫潤的感覺。

◯**透明鋪面** 古時用的小口地磚經常別具風味，想保留下來，但破碎發黑狀況實在不佳的時候，可直接鋪上透明的Epoxy環氧樹脂地板，使空間能保持乾淨又能呈現原貌；又或能以強化玻璃架高地面，使人走在上面可透視下方。

◯**鋪面更新** 有些老宅歷經多次裝修，使地坪變得太破碎，而不具保存價值，就必須更新鋪面，鋪面選擇很多，可依喜好、風格與用途，鋪上木地板、水泥來解決問題，也可鏟除舊鋪面材，重新鋪上石材或磁磚。

◯**改善採光** 連棟街屋中的老宅，往往隔局狹長而採光不足，如果有中庭建議可利用玻璃罩增加採光，或採用清玻璃或霧玻璃隔間，讓光線可以深入空間；屋頂部分則可請工匠訂製玻璃瓦，在重點處使用，增加空間自然採光。

◯**坍塌轉化** 有些老宅已經損壞到甚至連屋頂都沒有了，坍塌有時候也是有意思的空間，也許可以局部復原屋頂，保留部分坍塌，成為有意思的內院。

F

抓漏——滴滴答答，老屋永遠的痛！

不論新舊建築，漏水問題往往出於結構，建議下雨天多去看幾次，確認哪裡有漏水需要修補。

◯**地面滲水** 一樓地板的地面若有滲水問題，可以金屬結構與強化玻璃架高。

◯**屋樹共生** 若有老樹長在老建築上的現象，雖然樹根會破壞屋頂防水，但卻是建築的特色之一；建築與樹相生的解答目前還沒找到，但可以在屋頂下設水盤，來解決漏水問題。

◯**濕氣退散** 若老房子濕氣較重，在規劃上可將非結構部分的牆板打開，讓空間達到最大化通透，而廢棄的窗或門盡量恢復其功能，以引入戶外空氣對流。

◯**雙層牆** 無論是磚造或木構造，一般屋頂邊緣是漏水問題所在，建議可在室內增加一道複牆，讓內牆退縮，避免雨水從上下樓層結構交接處滲漏進來。

◯**屋頂防水** 木造老房子的屋頂若有滲漏水問題，可在原來的屋瓦上加上鋼板進行防水。

◯**氣氛營造** 老屋本身具有歲月感，搭配不同年代的老件，就能很輕易創造屬於不同世代的懷舊感，若不想氣氛太過沉重，搭配簡單俐落的北歐風格家具或現代家具，對比出清爽新穎的感覺。

◯**小批購買** 新素材介入可能會改變老屋本身的「氣氛」，單一素材看起來搭配，鋪設後整體感覺全然不同的狀況經常發生，建議在選素材時，先小批購進行試鋪，多看幾次是否感覺和諧再進行大批採購與施工。

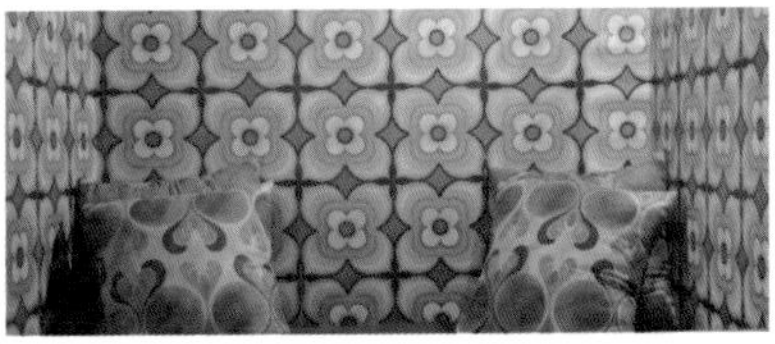

◯**廢料再生** 老宅翻修過程中有些拆除的建材可以重新利用，如豬圈的圍牆可轉化為欄杆的石條、原來屋頂的瓦片可做為排水道、鐵窗變成置杯架、木地板可以拼成門板……利用再生方式打造獨特家具、家飾，也是新舊相容的技巧。

◯**善用布料** 布料是施工最便利而多變的建材，除了窗戶和門扉外，牆面也可以利用布料裝飾，轉換空間風格，例如布幔可以帶來古典氛圍、碎花布則有濃濃的台灣味、來自雲南的布料則帶有特殊的民族風，也可依照心情或節日隨時變化，對於租賃的空間來說，是不錯的改造方式。

◯**保留原味** 老屋所使用的建材雖然過時，但新舊搭配起來卻別有風情，尤其是「絕版品」，更具有保留價值，如早期經常使用的綠色蛇紋大理石是台灣特產石材，現今價格昂貴，國內多不使用，主要多外銷日本了；此外，像古時候鐵匠打造有窗花造型的鐵窗、小口磁磚、六角形陶磚、拼花木地板等，可以先不急著拆除或掩蓋，若能搭配出新風格，也能省去大筆預算。

◯**法規問題** 若是向公部門承租的空間，建築審核標準相當嚴苛，除了修復之外，原則上不得增建，改造上使用盡量以室內裝修審查能通過的範圍來進行調整。

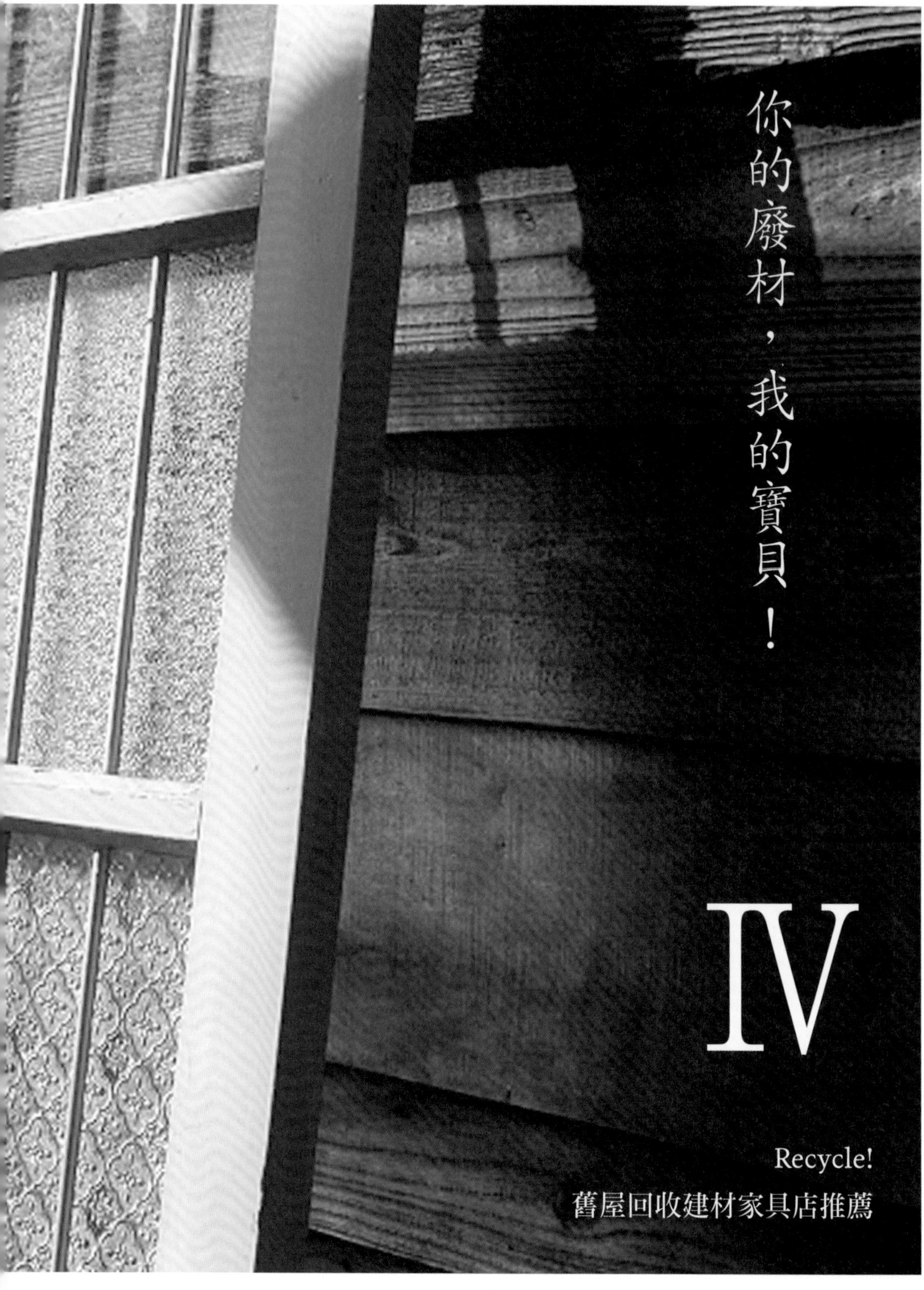

你的廢材，我的寶貝！

IV

Recycle!

舊屋回收建材家具店推薦

老木窗木門片——從微整到重練的門窗醫美診所

大灣林藝店

老桌板椅凳——木料重生，新世代再造

W^2 WOOD × WORK

老家具——價格平實的二手風格桌、櫃、椅

唐青古物商行

鐵窗花——舊日時光物件的收藏與再製

〔城市。自造〕黃廣華

圖片／大灣林藝店

老木窗、老木門！從微整到重練的門窗醫美診所

大灣林藝店

TEXT／李佳芳　圖片提供／大灣林藝店

Recycle 01

大灣林藝店傳承至今已有兩代歷史，早年專營中西式訂製家具，因而累積出深厚的傳統木工榫接技術。數十年前傳統家具產業式微，大灣林藝店轉型經營新、舊木料買賣，配合設計師或屋主的裝修工程，將傳統木窗與門片再生運用於現代空間，並且提供到場工程服務，以及協助翻修歷史建築。

大灣林藝店的舊料庫存豐富精彩，以黃檜、紅檜、栂木、柳安爲主，材料一律購自原賣家（屋主或是包商），來歷清楚，這些舊屋拆下的樑、柱、門、門斗、門窗，可依業主需求，再客製化成爲新桌板、椅子，甚至於扶手、樓梯、天花板、地板等……讓老味道的質感進駐空間。除了販售材料，大灣林藝店也提供代工服務，可訂製板料、細木作、家具，而舊料修繕更是一大專業，例如門窗框體去漆、全副拆卸修繕重組、長寬高尺寸微調，以及汰換玻璃與五金零件等，對於想DIY動手施工的客人，也不吝於分享經驗。

大灣林藝店的負責人郭谷米先生認爲，木頭被視爲環保建材，除了老屋拆下的樑柱門框都直接再利用之外，切割下來的剩料或邊材也可透過榫接或指接，變成具有特殊紋理的板材。盡可能將再製率用到極致，不浪費木料，這也是木藝最重要的精神。

木料行內部。

〔大灣林藝店〕 ☞ 台中市太平區華安街100巷14號　☎ 04-2271-2297、0937-217-763（郭谷米先生）
W 露天拍賣：http://goo.gl/VoLzxZ　重點商品：老木窗、老木門、老木料

BEFORE

1 | 2
3 | 4

Before
1八角窗。日治時代老屋才有的八角窗，現在已經相當稀少罕見，通常只賣給一定程度的藏家。 2對開門。和推拉門不同，可從有無蝴蝶片或把手來判斷開關形式。 3老窗戶。各式各樣不同尺寸的老窗戶，許多仍然保留老式壓花玻璃或霧玻璃。 4推拉門。日治時期與老眷村常用的門片。

After
5早期房子拆下來的對開門，經過處理後，成爲風格空間間的焦點。(圖片_一木森環境設計事務所) 6牆上的上推窗也是整理過的老物件，是預留好尺寸後，再安裝上去的。(圖片_李佳芳)

AFTER

5 6

老桌板椅凳——木料重生，新世代再造

W² wood×work

TEXT／紀瑀瑄　圖片提供／W² wood×work

Recycle 02

座落於靜謐住宅區內的W² wood×work，整齊陳列的拼接飾版和獨具巧思的桌椅上頭，數十年來積累而成的飽滿色澤與歷史香氣，如此呈現在大家眼前。

傳統木料行起家的W² wood×work，長年蒐集台灣各地老屋拆遷的木料，基於對木料的珍惜守護與對時代的獨特情感，發揮創意將超過七十年歷史的珍貴木料逐一改造設計簡約與價格平實的實用家具，傳遞出獨特的感性並帶給大家無限使用樂趣的風格定位。

主打台灣原生檜木與栂木（同爲鐵杉品種）的W² wood×work，針對當前潮流每年開發兩款不易生鏽，由師傅親自摺出的亞管桌腳，未來如要自行拆卸組裝也很便利。預算、尺寸、木料、甚至是擺放空間的地板和牆面顏色都是採購時的重點。值得一提的是，此價格包含了原木桌面與亞管桌腳，桌板尺寸自150至300公分皆有販售。以150公分尺寸爲例，台灣栂木桌板含亞管桌腳價格約爲26,000元、台灣檜木桌板價格則略貴5,000元。

爲了保有紋理與色澤，僅以保護漆填充木料表面，不慎打翻茶或咖啡也不會完全破壞木料。然而，最好的保養方式還是天天使用它，表面髒污以擰乾的濕抹布清潔即可，避免放置戶外環境更能延續木料壽命。

淺灰色牆面搭配木料門板，店內同步販售老式窗框改造的大小鏡面。

〔W² wood×work〕 ☞ 台北市大安區辛亥路3段157巷22弄1號1樓　☎ 02-2737-3350　W www.w2woodwork.com　f W2-Wood Work　重點商品：桌板、椅凳、飾版（門市提供台灣檜木和台灣栂木可供挑選）

1|2

1店內展示區一隅，現場備有台灣檜木和柖木桌板可供選購。 2台灣檜木抽屜。六〇年代紡織廠木抽屜，層架為不易生鏽、霧面質地的亞管。 3 台灣柖木拼接桌面。保留老屋拆卸時的原色加以保養，製成樸實拼接桌板。 4 台灣檜木拼接桌面。融合早期拆卸各式台灣檜木木料，製成創意拼接桌板。 5台灣檜木拼接椅凳。概念源自於早期的椅頭仔，底部為師傅自製實心黑鐵椅腳。 6台灣檜木拼接飾版。正面為台灣檜木木料，背面以夾板加強，適合牆面裝飾。

3|
4|5

6

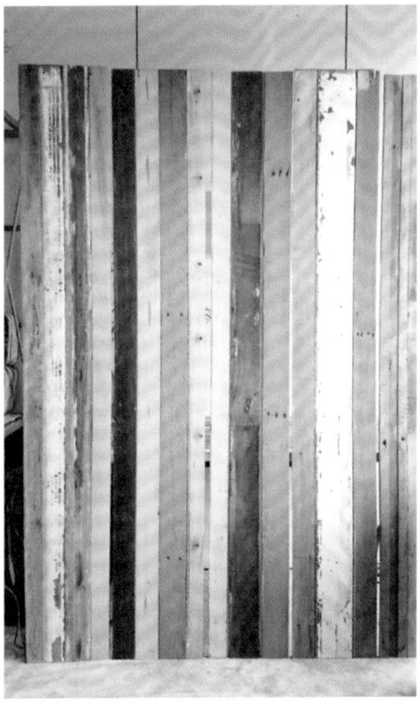

老家具——價格平實的二手風格桌、櫃、椅

唐青古物商行

TEXT／紀瑀瑄　圖片提供／唐青古物商行

Recycle 03

隱身於中正紀念堂一帶巷弄間的唐青古物商行，女主人唐青開設這家店，起心動念相當單純，就是想要透過自己整理過的二手家具部分販售所得，提供藏族孩子學習基金資助。

相較其他二手店鋪，唐青古物商行店內不見太多小物，而是以桌子、椅子、櫃子等二手大型家具爲販售重點。基於惜物的善念推廣，在此也有許多家具都是來自民眾捐贈，根據物件大小、破損狀況和修復可能，完成實際評估便由它們負責後續物件搬運和修繕保養。

碰上卡榫損壞、布面破損、海綿塌陷，都有專精此項目的師傅定期負責修繕，在多位精通修復的師傅們鼎力相助下，讓許多客人或是民眾碰上家具損壞，都能實際前來或是透過線上諮詢後續修復並以平實價格獲得良好修繕，讓家具能繼續使用。商行不但成爲交流平台，更像是家具的修惜站。

平實合宜的定價策略，也是鼓勵民眾購買，透過實際使用傳達商行理念，相對體積小的工作椅和餐椅，不但是生活常備用品，更成爲商行人氣品項。在這裡，每位客人不但能夠買到自己需要的好家具，更能造福偏鄉想求學的孩子，人人不但有樂，也都有福。

巷弄裡的唐青古物商行，從裡到外擺滿二手家具。（攝影／紀瑀瑄）

〔唐青古物商行〕 台北市羅斯福路一段83巷17號　☎ 02-2341-8799　W ag.net.tw
唐青古物商行 (April's Goodies)　重點商品：二手改造家具、皮件、擺飾

2

1店內販售的老物件，皆來自民眾捐贈的時代產物。內部以復古物件妝點而成的店內一隅。（攝影／紀瑀瑄）2餐桌椅，椅面經過繃布處理，可與家庭餐桌搭配使用。 3、6 老碗櫥，表面重新刨除保養，可做餐具食器或是居家用品收納用途。 4、7 老邊櫃，表面保留木頭原貌，可做臥室邊櫃或是轉角邊櫃用途。 5、8 老茶几，處理後的原木質地讓好感度增加。

BEFORE 3 4 5

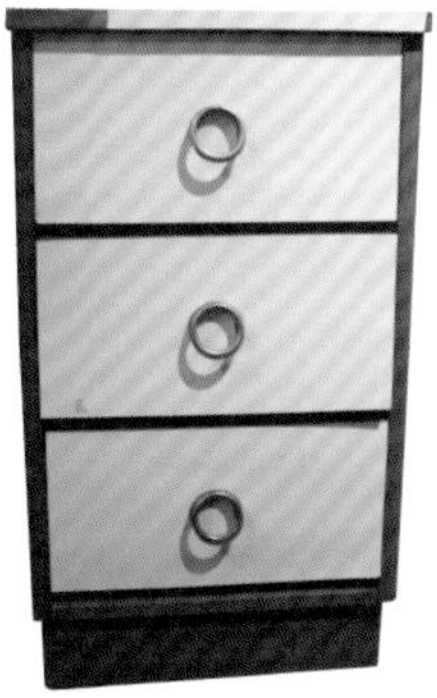

AFTER 6 7 8

鐵窗花——舊日時光物件的收藏與再製

〔城市。自造〕黃廣華

TEXT／紀瑪瑄　圖片提供／〔城市。自造〕

五六〇年代風靡一時，充滿時代感的鐵窗花，透過〔城市。自造〕的創意巧思，達成時代物件的收藏與再製，更是空間從想像到實踐的趣味實驗。

關於鐵窗花的素材取得來源，主要還是來自親自前往老屋拆遷現場與工地人員交涉，並且協助支付相關拆除費用，五十多年的鐵窗花，外表經過除鏽和打磨，依照客戶喜歡的光亮色澤或仿舊色澤適當上漆或是改以蠟油替代，也期待用懷舊物件，繼續探索意想不到的可能性。

對於時代物件再製與轉譯情有獨鍾的〔城市。自造〕負責人黃廣華，無論在商業空間或是私人住宅規劃，一再顛覆大家對鐵窗花僅作窗框用途的想像，而是將鐵窗花應用於燈架、壁架、鞋架、衣架、屏風，讓復古元素的物件在現代風格的空間中，恰如其分地展現它的時代魅力之外，更發展出嶄新而實用的使用方式。

此外，鐵窗花應用在空間上的改造預算則從 3,000 至 50,000 元不等。依照客戶對鐵窗花的喜好提供三到五種樣式挑選，評估尺寸、用途、位置加上施作難度，營造客戶所期待的空間氛圍，並提供了包含物件發想設計與現場施作安裝的創意設計套裝方案。

Recycle 04

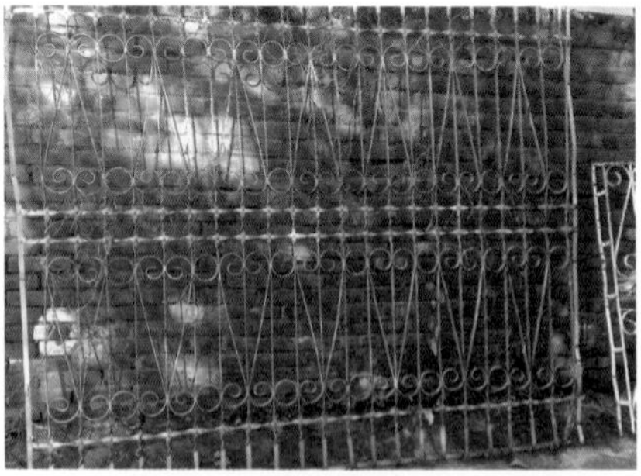

長方形鐵窗花，尚未改造前的鐵窗花框，幾何線條隨處可見細節紋理。

〔城市。自造〕 ☞ 高雄市鳥松區山腳路 152 之 2 號 1 樓　☎ 07-3700-0309　[城市。自造]
重點商品：時代物件轉譯、商業空間設計、空間再生創意改造

1 長方形鐵窗花，每個物件改造原料皆是來自老屋拆卸窗框。 2 鐵窗花改造牆面壁架，搭配復古老件增添時代風情。 3 鐵窗花改造隔間屏風，商業空間或是私人住家皆宜。 4 鐵窗花改造圓弧燈架，繞上黑色管線與鎢絲燈泡化身最摩登的亮點。

2

3

4

國家圖書館出版品預行編目資料
老房子，活起來！舊宿舍、街屋、小公寓、日式平房、
老市場，專家職人的老骨新皮改造之道
張素雯，李昭融，李佳芳 作；—初版.—臺北市
原點出版：大雁文化發行
2016.05 240面；17×22公分
ISBN 978-986-5657-73-4（平裝）
1. 房屋 2. 建築物維修 3. 室內設計
422.9 105006318

老房子，活起來！

舊宿舍、街屋、小公寓、日式平房、老市場，專家職人的老骨新皮改造之道

（原書名：老空間，心設計）

作者 張素雯 李昭融 李佳芳
攝影 WE R THE CATCHER
美術設計 IF OFFICE www.if-office.com
封面設計 三人制創
文字協力 紀瑀瑄
企劃執編 王建偉
責任編輯 詹雅蘭
行銷企劃 郭其彬 王綬晨 邱紹溢 夏瑩芳 陳雅雯
張瓊瑜 李明瑾 蔡緯玲
總編輯 葛雅茜
發行人 蘇拾平

出版 原點出版 Uni-Books
Email uni-books@andbooks.com.tw
電話 （02）2718-2001
傳真 （02）2718-1258

發行 大雁文化事業股份有限公司
台北市松山區復興北路333號11樓之4
www.andbooks.com.tw
電話 24小時傳真服務（02）2718-1258
讀者服務信箱 andbooks@andbooks.com.tw
劃撥帳號 19983379
戶名 大雁文化事業股份有限公司

製版印刷 凱林彩印

一版一刷 2016年5月
定價 380元
ISBN 978-986-5657-73-4